ビジネス
ダッシュボード
設計・実装
ガイドブック

成果を生み出す
データと分析のデザイン

The Complete Guide to
Business Dashboard
Design and Implementation

トレジャーデータ

池田俊介｜藤井温子｜櫻井将允｜花岡 明［著］

本書内容に関するお問い合わせについて

このたびは翔泳社の書籍をお買い上げいただき、誠にありがとうございます。弊社では、読者の皆様からのお問い合わせに適切に対応させていただくため、以下のガイドラインへのご協力をお願い致しております。下記項目をお読みいただき、手順に従ってお問い合わせください。

●ご質問される前に

弊社Webサイトの「正誤表」をご参照ください。これまでに判明した正誤や追加情報を掲載しています。

正誤表　https://www.shoeisha.co.jp/book/errata/

●ご質問方法

弊社Webサイトの「書籍に関するお問い合わせ」をご利用ください。

書籍に関するお問い合わせ　https://www.shoeisha.co.jp/book/qa/

インターネットをご利用でない場合は、FAXまたは郵便にて、下記"翔泳社 愛読者サービスセンター"までお問い合わせください。
電話でのご質問は、お受けしておりません。

●回答について

回答は、ご質問いただいた手段によってご返事申し上げます。ご質問の内容によっては、回答に数日ないしはそれ以上の期間を要する場合があります。

●ご質問に際してのご注意

本書の対象を越えるもの、記述個所を特定されないもの、また読者固有の環境に起因するご質問等にはお答えできませんので、予めご了承ください。

●郵便物送付先およびFAX番号

送付先住所　〒160-0006　東京都新宿区舟町5
FAX番号　　03-5362-3818
宛先　　　　（株）翔泳社 愛読者サービスセンター

はじめに

本書の概要と執筆の背景

　本書は特定のプロダクトに関しての書籍ではなく、ダッシュボード構築プロジェクト、特にビジネスの現場でデータ分析のために構築されるビジネスダッシュボードの設計・デザイン・データ準備に焦点を当てた解説書です。

　昨今、企業に関わる様々なデータを容易に取得できるようになり、多くの企業にとってデータ利活用は避けては通れない課題となりました。ダッシュボード構築はデータ利活用の中でも主要な取り組みの一つです。そのため、ダッシュボード構築を行う企業は、今後ますます増えていくことが予想されます。

　一方で、ダッシュボード構築について学ぶための資料は十分とは言えない状況にあります。BIツールの操作方法、データ可視化などに焦点を当てた書籍はいくつかありますが、それ以外のスキルやダッシュボード構築プロジェクトについて包括的に解説している資料は多くありません。

　例えばどのような指標（売上や購入者数、来店者数など）をどのような視点（エリア別や期間別など）で分析するか検討するには、データ分析の技術を学び、そのノウハウをダッシュボードに取り入れて応用する必要があります。複数の領域を横断的に学ぶ必要があるため、学習のハードルは高く、十分なスキルを身につけるまでに多くの時間を必要とします。

　このような背景から、トレジャーデータ株式会社プロフェッショナルサービスチーム（以降、「私たちのチーム」と表記）がデータ利活用の支援を行う中で培ってきたダッシュボード構築に関する技術の体系化を行い、書籍としてまとめることにしました。

　ダッシュボード構築におけるプロジェクト進行、問題解決思考、データ分析、デザイン、データ設計などの専門的技術を見直し、ダッシュボード構築を主語とした方法論として再整理し解説しています。

トレジャーデータ株式会社はクラウド型の顧客データ活用サービス「Treasure Data CDP」を提供しています。企業が保持する顧客データを活用するパートナーとして「コネクテッドカスタマーエクスペリエンス（一貫性のある顧客体験）」の実現を支援しています。

　プロフェッショナルサービスチームは「Treasure Data CDP」をご契約いただいている企業に対して、有償でデータ利活用の支援を行うチームです。データ利活用の取り組みの一つとして、ダッシュボード構築も多くの企業へ構築支援を行ってきました。

　データ利活用の取り組み全体に関する知見や事例については、書籍「CDP活用の最適解を導く 事例から見えてくる、人材、プロジェクト、組織の在り方」（翔泳社）にて詳しく解説しております。ぜひ、ご一読ください。

▍本書の構成

　本書は七つの章で構成されています。各章の解説は独立しており、基本的にどの章から読み進めても問題ないような構成となっています。

第1章：ダッシュボードの種類と課題
第2章：ダッシュボード構築プロジェクトの全体像
第3章：ダッシュボードの要求定義・要件定義
第4章：ダッシュボード設計
第5章：ダッシュボードデザイン
第6章：データ準備・ダッシュボード構築
第7章：運用・レビュー・サポート

　第1章では、ダッシュボードに関する前提知識を解説しています。ビジネスダッシュボードが満たすべき要件、ダッシュボードが普及してきた背景とダッシュボードが抱える課題について解説しています。

　第2章では、ダッシュボード構築プロジェクトのプロセスを、各フェーズの紹介とともに解説しています。また、プロジェクト実施にあたり、必要とされるスキルや体制、プロジェクトの推進方法についても触れています。

　第3章では、ダッシュボードの要求定義・要件定義の方法を解説していま

す。加えて、ビジネス・業務内容・ユーザーを把握するための調査方法や情報整理方法についても記載しています。

　第4章では、ダッシュボード設計の概要と重要性、分析設計の方法を解説しています。また、分析設計を行う上で知っておいたほうがよいデータ分析の前提知識、分析設計の思考法、分析設計を実施する前に行うデータ調査の方法について解説しています。

　第5章では、ダッシュボードデザインを、ダッシュボードのテンプレート、レイアウト、チャート、インタラクティブ機能の、四つのデザインステップに分けて考え方やテクニックを紹介しています。

　第6章は、データ準備とダッシュボード構築の章です。章の前半部分ではダッシュボードを実現するためのデータマートの設計方法を解説しています。後半部分ではBIツールを用いたダッシュボード構築方法について、作業内容や配慮すべきことを紹介しています。

　第7章では、プロジェクト関係者やユーザーに向けて実施すべき運用・レビュー・サポートの取り組みについて解説しています。

本書で解説しないこと

　本書はダッシュボード構築に関わる知見をできる限り解説していますが、紙面の都合上、いくつか解説できなかったことがあります。

● ダッシュボード構築に関する詳細な解説

　本書は特定のBIツールに依存しない、ダッシュボード構築に関係する汎用的な技術や考え方を解説する立場を取っています。ダッシュボードを構築する際の操作方法は用いるBIツールによって異なり、それだけで書籍1冊分の説明が必要です。そこで本書では操作方法は解説せず、作業ステップの解説に留めています。

● 各専門領域の詳細で網羅的な技術

　本書は幅広い領域を包括的に解説することに主軸を置いています。そのため紙面の都合上、各領域の解説を網羅的に詳細まで解説することはできませんでした。専門的な技術に関してさらに学習したい場合は、各領域の書籍も

本書とあわせてご参照ください。

● 全社的にダッシュボードの利用促進を図るための組織論や取り組み

　データの民主化のための組織的な取り組みについてはダッシュボード構築プロジェクトの範囲を越えるため、本書では解説していません。

本書の対象読者と役割に対応する章

　本書はダッシュボード構築経験の浅い方を含めた幅広い読者を対象に解説しています。全ての章を読むことが難しい場合、自身の役割に対応する章から読むとよいでしょう。各役割に対応した章は次の通りです。

- プロジェクトマネージャー：第1章、第2章、第3章、第7章
- コンサルタント、マーケター、経営・事業責任者：第3章、第4章
- データアナリスト：第3章、第4章、第5章、第7章
- エンジニア：第3章、第6章、第7章
- ダッシュボード活用責任者、プロジェクトオーナー：第1章、第2章、第3章、第7章

　ダッシュボード構築プロジェクトは、一人で成し遂げることは困難であり、メンバーとの協力が非常に重要です。そのため、自身の役割にかかわらず、全ての章を読破いただくことが望ましいです。

　本書によって多くの企業のダッシュボード構築プロジェクトが成功し、ユーザーの役に立つ、素晴らしいダッシュボードの事例が増えることを願っています。

2023年5月　トレジャーデータ株式会社

池田 俊介

目次

第1章 ダッシュボードの種類と課題

第2章　ダッシュボード構築プロジェクトの全体像

第3章 ダッシュボードの要求定義・要件定義

第4章　ダッシュボード設計

第5章　ダッシュボードデザイン

第6章　データ準備・ダッシュボード構築

第7章　運用・レビュー・サポート

付録

第1章

ダッシュボードの種類と課題

1

1.1

ダッシュボードに必要な
要素と種類

この章で説明すること

本書では第2章以降で、ダッシュボード構築プロジェクトの全体像や各フェーズの進め方を解説します。

その前に、この第1章では次の3点について解説します。

- ダッシュボードに必要な要素と種類
- ダッシュボードが普及してきた背景
- ダッシュボードの課題

ダッシュボードに必要な要素

ダッシュボードを一言で説明すると、「様々なチャートや表など複数の情報を一つの画面に入れたもの」と言えます（図1.1.1）。

ビジネスにおけるダッシュボード活用に関して、可視化される情報の例を挙げてみましょう。売上、利益、利益率、販売数、平均単価や、これらの指標を部門や商品別で比較したものなどがあります。これらは、ビジネスにおける重要指標です。

データドリブンな取り組みでは、重要指標を観測し、そこから課題を見つけ、アクションを起こすことが求められます。このプロセスにおいて、ダッシュボードは気づきを与える存在です。つまり**ダッシュボードは可視化して終わりではなく、「ビジネス課題を解決するためのもの」**です。

図1.1.1 ｜ ダッシュボードイメージ

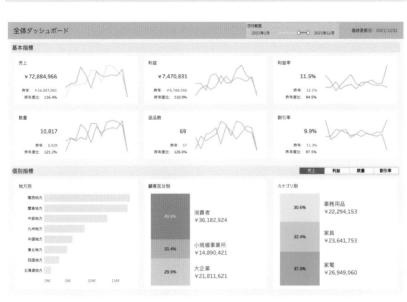

● ビジネスニーズに応えられるダッシュボードの条件

　ビジネスニーズに応えられるダッシュボードの条件にはどのようなものがあるでしょうか。私たちのチームは、**「ビジネス上の目的達成に繋がるデータがリアルタイムかつ継続的に可視化され、アクションを取るために必要な意思決定ができるもの」**だと考えています。この考えは次の三つの要素に分解できます。

　一つ目は**「目的に直結すること」**です。どんな目的のためにそのダッシュボードが必要なのか。ただチャートや表を複数詰め込むのではなく、利用目的に合わせたものであることが必要です。

　二つ目は**「アクションに繋がる意思決定ができること」**です。ダッシュボードを眺めていても行動を起こさなければビジネス課題は解決できません。可視化されたデータから目的達成に関わる CSF（Critical Success Factor：重要成功要因）やボトルネックなどを発見し、次のアクションに繋がる意思決定をする必要があります。

　三つ目は**「リアルタイムかつ継続的に見られること」**です。ビジネスを取り

巻く状況は、日々変わります。1カ月前のデータを振り返ることは大切ですが、ダッシュボードの意義は、今がどうなっているかを常に把握することです。データの内容やその処理方法によっては、最新のデータは前日や前週のものかもしれません。しかし、直近のデータをできるだけリアルタイムで継続的に見られることが必要です。

　ダッシュボードは、これら三つの要素を満たしている必要があります。本書ではダッシュボードの構築プロセスについて説明します。その際、これらの三つの要素に関わる内容も紹介します。

ダッシュボードの種類（代表例）

　ダッシュボードにはどんなものがあるのか、代表例を紹介します（図1.1.2）。

　私たちのチームでは、ダッシュボードの利用目的には大きく三つあると考えています。**「モニタリング」「戦略・方針立案」「効果測定」の三つです。** もちろん、ここに示した代表例のもの以外にもダッシュボードと呼ばれているものはあるでしょう。また、業界や担当部門によって、見るべき指標や利用目的は異なります。

図 1.1.2 │ ダッシュボードの種類（代表例）

目的	モニタリング	戦略・方針立案	効果測定
タイプ	KPIダッシュボード	分析用ダッシュボード	施策効果測定ダッシュボード
経営	・主要KPI管理	・部門別ボトルネック抽出	モニタリングや分析によって実施することを決めた、施策の効果を測定
マーケティング	・サイト来訪管理 ・リード管理	・流入別コンバージョン分析 ・リードクオリフィケーション	
営業	・売上管理 ・営業活動管理	・成約／不成約分析 ・営業プロセス改善分析	
販売	・来店管理 ・在庫管理	・顧客カルテ ・新商品の発売初動分析	
製造	・設備稼働管理 ・異常検知	・生産効率改善 ・不具合要因特定	
人事	・従業員評価 ・従業員満足度評価	・パフォーマンス分析 ・定着分析	

●コンディションを「モニタリング」、素早く診断するためのKPIダッシュボード

　モニタリングは、KPIダッシュボードで行います。KPIダッシュボードでは、見るべき指標を観測できることが求められます。見るべき指標は業界や部門によって異なりますが、売上やコストといったKPIを設定しているものが中心です。KPIについては、「第3章　ダッシュボードの要求定義・要件定義」で説明します。

　KPIダッシュボードの目的はモニタリングであるため、原因特定までは求められません。状態を確認する健康診断のようなものです。現状や問題の有無を素早く診断できることが重要です。

　例として、ECサイトのアクセス〜決済を確認するダッシュボードを見てみましょう。このダッシュボード（図1.1.3）は、KPIと補足情報で構成されています。売上やECアクセス〜決済までの購買ファネルの指標がKPIです。また、KPIの中でも、主要な指標について属性別や商品別などで集計したものが補足情報です。KPIに加えて、補足情報もあることで、誰が、どんな商品を購入しているのかの現状把握がしやすくなります。

図1.1.3 ｜ モニタリング用ダッシュボード

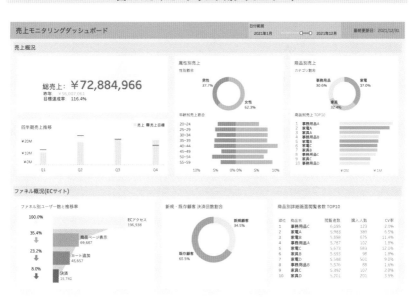

● 課題抽出→原因特定し、「戦略・方針立案」を行うための分析用ダッシュボード

　分析用ダッシュボードでは詳細を深掘りし、原因特定までできることが求められます。

　先のモニタリングが健康診断であれば、こちらは精密検査のようなものです。特定の条件でフィルターをかけたり、細かな粒度で指標を確認したりすることで「なぜ売上が下がったのか」「なぜ商談数が増えないのか」などの原因を解明できます。

　例として、法人向け製品の営業活動のダッシュボードで説明します。このダッシュボード（図1.1.4）は、左に全体のKPI（リード獲得〜成約までのステージごとの企業数）があり、右には各ステージの時系列の推移や次のステージへの遷移率などの重要指標があり、全体のサマリーを確認できる構成になっています。

　さらに各ステージの詳細情報として、例えばリード獲得（図1.1.5）については経路別に、何が良い／悪いのかを確認できるようにしています。

　分析ダッシュボード（全体）（図1.1.4）の例では、リード（＝見込み顧客）の獲得数が今月（12月）の目標に対して不足しており、結果としてナーチャリング（＝継続的にアプローチする顧客）の件数も目標に達していないことがわかります。また、11月も目標に達していません。もし仮に、リード獲得〜成約までの期間が長い製品の場合、リードやナーチャリング件数の不足は、数カ月後の商談・成約数に影響を及ぼします。

　では、リード獲得施策における課題を調べるために、リード獲得分析ダッシュボード（図1.1.5）を確認しましょう。すると、資料ダウンロードや問い合わせの件数が目標に達していないことがわかります。これらは11月以前から目標に達していません（分析ダッシュボード（全体）でリード獲得数の推移を見ると、10月までは目標を達成していることから、他の経路が寄与していることがわかる）。もしも資料ダウンロードや問い合わせを増やすのであれば、どの手段で行うかを検討します。

　このように課題を深掘りできるのが、戦略・方針立案用ダッシュボードです。

図1.1.4 ｜ 戦略・方針立案用ダッシュボード（全体サマリー）

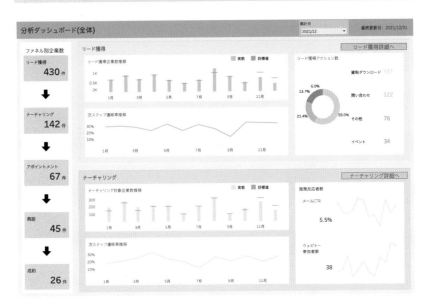

図1.1.5 ｜ 戦略・方針立案用ダッシュボード（詳細確認）

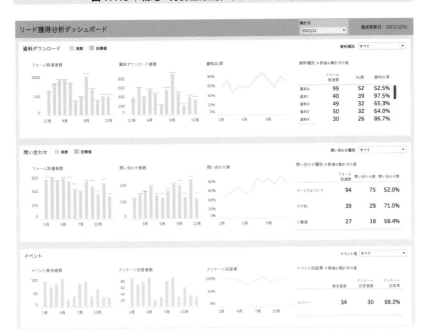

● 施策を「効果測定」する、施策効果測定ダッシュボード

　施策を実行したら効果を確認する必要があります。モニタリング用ダッシュボードでも、施策前後の傾向の変化を確認できますが、その傾向が施策によるものかどうかまではわかりません。

　また、戦略・方針立案用ダッシュボードでも確認可能かもしれませんが、施策の目的によって、見るべき指標（売上の場合もあればメール開封率の場合もあります）や見たい切り口（ターゲット別やメルマガのコンテンツ別など）は異なります。このため、施策効果測定用ダッシュボードを用意することをおすすめします。

　モニタリング用、戦略・方針立案用のどちらでも施策の効果の可視化は可能です。ただし、ダッシュボードの目的が複数になることで、画面構成や構築が複雑になりやすい点に注意が必要です。

　法人向け製品の広告の効果測定ダッシュボードを例にして考えてみましょう。このダッシュボード（図1.1.6）では、サイト来訪数に加え、資料ダウンロード数などの成果に関する指標や、各広告の、主要な指標への貢献状況を確認できます。広告ごとに結果の良し悪しを判断し、広告運用が検討できるようになっています。

　図にはありませんが、同じ広告出稿先でも、ターゲティングをしたり、バナーなどのクリエイティブを複数パターン入稿している場合は、ターゲットごとやクリエイティブごとの粒度で成果を確認します。

図1.1.6 | 効果測定用ダッシュボード

効果測定ダッシュボード

| 集計月 | 2021/12 | CV時に広告貢献があったとみなす遡行日数 | 30 | 最終更新日：2021/12/31 |

サイト来訪数	新規資料ダウンロード数	新規問い合わせ数
134,263	**964**	**517**
前月比：2043↑	前月比：306↑	前月比：133↑

広告別主要指標

広告種別	広告名	インプレッション数	クリック数	資料ダウンロード数	問い合わせ数	クリック率	CV率	広告費用	CV数	クリックあたりの単価	CVあたりの単価
SNS	SNS1	227,405	2,706	103	44	1.19%	5.43%	¥589,934	147	¥218	¥4,013
	SNS2	247,332	3,191	104	45	1.29%	4.67%	¥800,836	149	¥251	¥5,375
	SNS3	299,850	2,879	121	52	0.96%	6.01%	¥757,061	173	¥263	¥4,376
	SNS4	153,062	1,362	63	52	0.89%	8.44%	¥362,359	115	¥266	¥3,151
ディスプレイ	ディスプレイ1	716,879	975	3	1	0.14%	0.41%	¥117,970	4	¥121	¥29,493
	ディスプレイ2	1,621,315	2,837	8	3	0.17%	0.39%	¥431,270	11	¥152	¥39,206
	ディスプレイ3	1,826,224	7,433	26	11	0.41%	0.50%	¥1,159,506	37	¥156	¥31,338
	ディスプレイ4	1,711,565	4,844	11	5	0.28%	0.33%	¥726,559	16	¥150	¥45,410
	ディスプレイ5	1,261,971	2,537	5	2	0.20%	0.28%	¥448,971	7	¥177	¥64,139
	ディスプレイ6	596,594	2,637	8	4	0.44%	0.46%	¥740,982	12	¥281	¥61,749
	ディスプレイ7	603,273	2,111	6	3	0.35%	0.43%	¥415,957	9	¥197	¥46,217
	ディスプレイ8	1,884,944	5,466	11	5	0.29%	0.29%	¥1,142,465	16	¥209	¥71,404
	ディスプレイ9	1,380,012	2,443	8	3	0.18%	0.45%	¥298,000	11	¥122	¥27,091
リスティング	リスティング1	189,171	7,188	46	20	3.80%	0.92%	¥1,337,061	66	¥186	¥20,259
	リスティング2	233,821	5,846	44	19	2.50%	1.08%	¥637,162	63	¥109	¥10,114
	リスティング3	240,604	7,459	53	23	3.10%	1.02%	¥1,357,488	76	¥182	¥17,862
	リスティング4	232,302	5,575	44	19	2.40%	1.13%	¥1,036,996	63	¥186	¥16,460

1.2
ダッシュボードが普及してきた背景

ダッシュボードの普及を促す三要素

なぜダッシュボードは普及してきたのでしょうか。

私たちのチームは大きく三つの要素があると考えています。**「データとの向き合い方の変化」「ツールの発展」「スキルアップのための情報の増加」の三つです。** それぞれについて確認しましょう。

データとの向き合い方の変化

ここでは、二つのキーワードを挙げて説明します。「データドリブン」と「顧客基点」です。

● データドリブン

この数年で、「データドリブン経営」「データドリブンマーケティング」などの言葉を目にすることが増えてきました。これらは、「データに基づいた意思決定」を通じた経営やマーケティングの推進を意味しています。

意思決定は、経営者や担当者のKKD（勘、経験、度胸）だけに頼るのではなく、データをもとに行われるように変化しました。データドリブンな取り組みでは、課題の抽出、その要因の仮説の洗い出し、仮説の検証という一連の流れをデータを使って行うことが求められます。

仮説は、経験から立てることもあります。しかし、確からしさの検証や施策を実行した場合の効果のシミュレーションなどはデータ、つまりファクトをベースに行う必要があります。

● 顧客基点

　CS（Customer Satisfaction：顧客満足）、LTV（Life Time Value：顧客生涯価値）、CX（Customer Experience：顧客体験）など、顧客に紐づく言葉が年々増えています。いずれも顧客を中心とした「顧客基点」のものです。

　製品を「購入してもらう／契約してもらう」ことはゴールではなくなり、「繰り返し選んでもらう／推奨してもらう」といった長く付き合い続ける関係の構築に、企業の関心は移っています。また、モノを消費する消費者ではなく、生活においてサービスを利用してくれる人という考え方に変わり、消費者ではなく「生活者」と表現する企業も増えています。

　この「長く付き合い続ける関係」を構築するために、企業は様々な接点を通じて生活者との関係強化を図っています。テレビ、新聞、雑誌、ラジオといったオフライン中心のメディアだけでなく、数多く存在するオンラインのメディアも活用し、オンオフを統合したコミュニケーションに取り組む企業も少なくありません。

　購買／契約チャネルもオンオフそれぞれ設けているケースもよく見られます。

　オンラインのメディアやチャネルが強化された結果、取得できるデータの種類、量が増えるだけでなく、取得速度も上がりました。また、生活者も企業に対し、即時の対応を求めるようになっています。

　以上のような背景から、**様々なデータを用いて多角的に、自社の事業や顧客の状態を把握し、現状の課題に対して要因分析と改善のためのアクションを実行することが重要になりました。そのプロセスをスピーディーに進めるためのデータ可視化を期待されているのがダッシュボードです。**

ツールの発展

　データドリブン、かつ顧客基点の取り組みを進める上で、昨今では多くの役立つツールがあります。データドリブンな取り組みのプロセスは、「データの収集・統合・集計」「可視化・分析」「意思決定・アクション」の三つのステージに大別されます。

　このうち「可視化・分析」を行うのが「BIツール」です。BIに特化したツールに加え、様々な機能の中の一つとして可視化・分析が可能なツールもあり、

BIツールは年々増加しています。

図1.2.1にいくつか代表的なツールを挙げます。どれを利用するかは可視化・分析の目的やツールの機能、自社のIT環境との相性、コストなどの判断基準と照らし合わせて選定いただければと思います。

BIツールの普及とともに、SalesforceのTableau、GoogleのLookerの買収に見られるように、マーケティングテクノロジーにおけるBIツールの存在感は増しました。

プロダクト側の日々の改良によって、ダッシュボードで実現したいことが構想止まりにならないようになったことも、ダッシュボードの普及の一因だと思います。

図1.2.1 | BIツールの代表例

BIツール	提供会社	特徴
Tableau	Salesforce	・多様なデータソースに対応可能 ・ビジュアライゼーションの表現力が高い ・外部ツールとの連携が可能
Power BI	Microsoft	・Officeツールと連携しやすい ・Microsoft AIによる機械学習支援 ・マルチデバイス対応
Qlik Sense	Qlik	・ドラッグ＆ドロップで操作できる ・AIによる分析サポート ・マルチデバイス対応
Looker	Google	・LookMLによる柔軟なデータ管理 ・ドラッグ＆ドロップで操作できる ・外部ツールとの連携が可能
Looker Studio	Google	・GoogleアナリティクスやGoogle広告、BigQueryなどと連携 ・無料のBIツール ・レポートテンプレートが豊富
Domo	Domo	・ドラッグ＆ドロップで操作できる ・多様なデータソースに対応可能 ・AIによるアラート機能の設定が可能

スキルアップのための情報の増加

ツールが発展してもユーザーのスキルが向上しなければ、ツール導入の効果は最大化しませんが、今ではスキルアップのための学習方法は数多く存在するようになりました。BIツールを提供している企業だけでなくユーザーも

ツールについて情報発信をしており、様々なコンテンツに触れることができます。また、資格制度やユーザー同士による人材育成プログラム（Tableau DATA Saberなど）といった、BIツールやデータ可視化・分析の普及、スキルアップを目的とした取り組みも存在します。

　もちろん、BIツールの操作方法を理解しただけでは、ビジネスニーズに応えるダッシュボードを構築するためのスキルとしては不十分です。データベースや統計に関することなど他にも得たほうがよい知識があります。

　それらもユーザーが書いた記事などで、どのようなスキルや知識が必要か調べることができます。後の章で紹介しますが、ダッシュボードの設計や構築には様々な関係者が登場します。例えば、プロジェクトマネージャー、エンジニア（データエンジニア、BIエンジニア、ソフトウェアエンジニアなど、企業により様々なエンジニアが存在）、データアナリスト、データサイエンティスト、マーケターといったポジションの方達です。組織やプロジェクトによってポジションの有無や人数は変わります。また、ポジションによって保有しているスキルは異なります。ご自身と似たポジションの方が書いた記事を読むと、スキルアップの計画を立てやすくなるかもしれません。

　図1.2.2に、学習に役立つコンテンツを整理しました。うまく活用して、学習を進めていただければと思います。

図1.2.2 | ダッシュボード・BIツール関連のコンテンツ

種類	例
資格	• BIツール各社の認定資格：Tableau Certified Data Analyst、Microsoft Power BI Data Analystなど • ユーザー独自の認定プログラム：Tableau DATA Saberなど
動画・書籍	• BIツール各社の学習コンテンツ、トレーニング動画など • 書籍：各BIツール関連の書籍など • 有償学習コンテンツ：Udemy、Courseraなど
コミュニティ・イベント	• 各BIツールのユーザー会 • BIツール各社の機能リリースイベントや記事 • ユーザー会やダッシュボード構築支援企業の事例発表
ユーザー記事・自作ダッシュボード共有	• ユーザーが作成した記事：noteや企業のブログサイトなど • Tableau Public • Makeover Monday：GitHubやTableau Publicに投稿

1.3

ダッシュボードの課題

使われないダッシュボードの存在

　ここまで、ダッシュボードが普及した背景について述べてきました。様々な学習コンテンツを通してダッシュボードを作れる／作ったことがある方は、日に日に増えていると感じます。

　一方で課題も出てきました。一言で言うと、**「使われないダッシュボードの誕生」**です。ダッシュボードの構築が終わり、関係者に紹介したタイミングでは、「いろいろ見られるのですね、便利そうですね」と良い反応があったのに、使われなくなるケースがあります。また、ダッシュボードのリリース直後は使われていたのに、数週間も経つと使っている人が限定的になり、最終的には全く使われなくなるケースもあります。作った人ですら、リリース後に見ていないこともあるのです。

　なぜ「使われないダッシュボード」が生まれるのでしょうか。様々な理由があると思います。例えば、次のようなことが挙げられるでしょう。

- ケース①：「使い方がよくわからず、使わなくなった」
  →マニュアルを用意したり、勉強会を開催したりといった対症療法的な対策で、「使われるダッシュボード」に生まれ変わる。
- ケース②：ダッシュボードを見ても、「ビジネス上の課題がわからない」「次に何をしたらよいか、わからない」
  →使い方のレクチャーだけでは解決しない可能性がある。
- ケース③：「そもそもこのダッシュボードの目的がわからない」
  →ダッシュボードを構築する前に、どのような目的で構築するのかという認識を関係者とすり合わせておくべきだった。

　次章以降で「使われないダッシュボード」を生み出さないために必要なことを具体的に紹介します。その前に、「使われないダッシュボード」が誕生するまでにどのような落とし穴があるのか、もう少し説明します。

要求定義・要件定義や設計が問題

先述の通り、私たちのチームはビジネスニーズに応えられるダッシュボードの条件は、「ビジネス上の目的達成に繋がるデータがリアルタイムかつ継続的に可視化され、アクションを取るために必要な意思決定ができるもの」と考えています。

しかし、「使われないダッシュボード」の中には、次のようなケースがあります。

- データをグラフや表にして、ダッシュボードにただ埋めている
- 情報を盛りだくさんに詰め込んでいる
- どんなデータがビジネスに必要なのか、曖昧なまま作られた
- 誰がどのような業務の中で使うのか、想定せずに作られた
- 誰に何を知ってほしいのか、想定せずに作られた

これらは一例に過ぎませんが、共通して言えるのは「要求定義・要件定義」や「設計」に問題があった、ということです。どんなビジネス上の目的に対して構築するダッシュボードなのか、ビジネスに貢献するためにダッシュボードに取り入れるべき要素は何か、誰がこのダッシュボードを使うのかを、ダッシュボードを構築する前に決める必要があります。これらの詳細については、「第3章　ダッシュボードの要求定義・要件定義」、「第4章　ダッシュボード設計」、「第5章　ダッシュボードデザイン」で説明します。

データの構造や運用・サポートが問題

ダッシュボードの要求定義・要件定義や設計を丁寧に進めて構築したにもかかわらず、リリースしてしばらくすると、「使われないダッシュボード」となってしまうことがあります。使われない理由を紐解いてみると、次のようなケースがあります。

- ダッシュボードの動作が重く、知りたいことを調べるのに時間がかかる
- データの更新が止まっている

- 追加すべき機能やデータが発生したが、反映されていない
- そもそも使い方がわからない
- 掲載している指標の定義がわからない
- 使い方を誰に聞けばよいのか、どこで調べればよいのかわからない

　これらに共通して言えるのは「データ構造」や「運用・サポート」の改善が必要だということです。詳細は、「第4章　ダッシュボード設計」、「第6章　データ準備・ダッシュボード構築」、「第7章　運用・レビュー・サポート」で説明します。

　日頃の業務でダッシュボードを活用するには、知りたい情報がスピーディーに確認できることや、業務で発生したニーズを早期に満たせることが重要です。また、資料や勉強会、問い合わせ窓口などのサポートを提供することで、社内にダッシュボード活用を浸透させることができます。

ダッシュボード構築プロジェクトの全体像

2

2.1

プロジェクトの全体像と概要

この章で説明すること

前章では企業の現場でダッシュボードが求められるようになった背景や、ダッシュボードの特徴、代表例について解説しました。この章では、ダッシュボード構築を進める上で最初に知っておくべき4点について解説します。

① 全体像と各フェーズの概要
② 必要なスキル
③ 体制
④ 進め方

プロジェクトの全体像

本書の第3章以降では、ダッシュボード構築プロジェクトにおける各タスクの棚卸しを行い、プロセスとして整理したものを一つずつ解説します。ダッシュボード構築プロジェクトで具体的にどのようなことをするのか、参

図2.1.1 | ダッシュボード構築プロジェクトの全体像

要求定義・要件定義	ダッシュボード設計	データ準備
要求定義 ●ビジネス課題整理 ●KGI/KPI整理 ●現状の取り組みや 　今後の取り組み案確認 **要件定義** ●利用目的、ユーザーなど整理 ●業務プロセスのどの段階で利 　用するのか整理 ●ダッシュボードに必要な要素 　の整理	**分析設計** ●ダッシュボード要件の詳細定義 　-指標・比較軸の検討など ●データ調査 **ダッシュボードデザイン** ●レイアウト、デザイン設計 　- ワイヤーフレーム作成 　- モックアップ作成	**データマート設計** ●計算ロジック確認 ●ダッシュボードデザインを考慮 　したテーブル設計 **データマート実装** ●データマート作成 ●データパイプライン構築

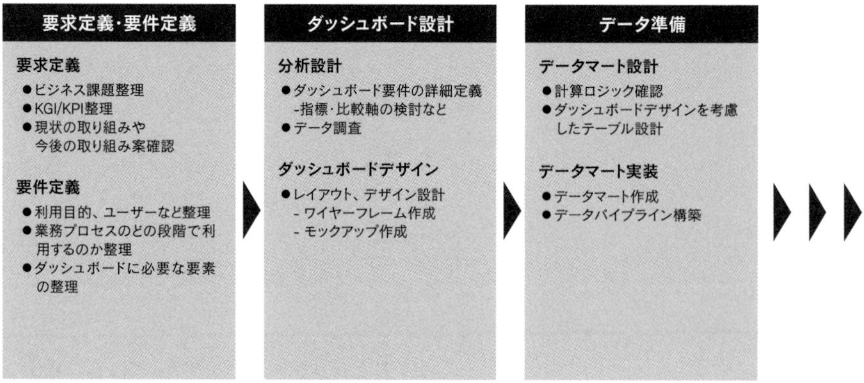

考にしてください。

この節では、ダッシュボード構築プロジェクトの全体像（図2.1.1）と各フェーズの概要を解説します。

プロセスは、次の五つのフェーズに大きく分かれます。

① 要求定義・要件定義フェーズ
② ダッシュボード設計フェーズ
③ データ準備フェーズ
④ ダッシュボード構築フェーズ
⑤ 運用・レビュー・サポートフェーズ

以降、この五つのフェーズの概要を解説します。

要求定義・要件定義フェーズ（第3章で解説）

ダッシュボード構築プロジェクトがスタートするタイミングですぐにデータを集計したり、チャートを作ってダッシュボードの画面を埋めたりするわけではありません。

ダッシュボード構築	運用・レビュー・サポート
ダッシュボード構築 ●データ接続、前処理 ●関数作成・計算チェック ●チャート作成 ●ダッシュボードレイアウト作成 ●チャート配置 ●フィルターなどの動作設定 ●動作チェック ●パフォーマンスチェック	**運用** ●利用状況モニタリング ●利用者インタビュー ●利用に合わせた改善 ●メンテナンス **レビュー** ●機能、デザイン確認 ●数値整合性確認 ●テスト運用 ※上記は構築前〜構築中に実施 ●導入後効果検証 **サポート** ●説明会 ●説明資料準備 ●Q&A設置

どんなにシンプルなダッシュボードだとしても、どんなビジネス課題、KGI/KPIのために利用するのかといった事前の情報整理、つまり、要求定義をします。

また、誰が・どんな目的で・いつ（どのような業務プロセス上で）そのダッシュボードを利用するのかといった想定ユースケースの整理、要求定義したものを満たすために必要な要素や具体的に使用するデータの整理、つまり、要件定義もします。

これらを行う上で、ビジネス理解や業務理解を目的にダッシュボードのユーザーに対するヒアリングなども行います。

ダッシュボード設計フェーズ（第4章・第5章で解説）

要求定義・要件定義フェーズで整理したビジネス内容やダッシュボード要件をもとにダッシュボード設計を行います。また、求められているダッシュボードの実現性を、データの観点（データの種類や定義、取得・生成方法、欠損や偏りなど）で調査します。

次にダッシュボードのデザインとして、レイアウトテンプレートのデザインやワイヤーフレーム・モックアップの作成を行います。

レイアウトテンプレートのデザインでは、レイアウトの割り方の基本パターン定義の他、画面サイズの決定や色パターンの設定など、ダッシュボード画面全体の仕様を決定します。

ワイヤーフレームの作成ではダッシュボード設計の過程で整理した指標と比較軸をもとに、ダッシュボードのどこに何のチャートを配置するのかを整理します。

モックアップの作成ではワイヤーフレームに従って、ダッシュボードのラフなイメージ図を作成します。完成イメージであるモックアップ作成の際には、どのようなチャートデザインで可視化するのかも決めます。実際の活用を想定して、ダッシュボードの機能やデザインを精査します。データマート構築やBIツール設定に多くの工数を必要とする大規模なダッシュボードを構築するプロジェクトの場合は、モックアップよりもさらに実物の完成イメージに近いプロトタイプの作成を行うこともあります。

データ準備フェーズ（第6章で解説）

　モックアップをダッシュボードとして実現するために必要なデータマートの要件を整理し、テーブル構造の設計、テーブル作成を行います。また、データマートを自動更新するためのデータパイプラインの構築を行います。

ダッシュボード構築フェーズ（第6章で解説）

　構築したデータマートをBIツールに接続する設定と要求定義・要件定義やダッシュボード設計の内容をもとにダッシュボードを構築します。このフェーズの作業内容は各BIツールに依存し、また多くの資料や書籍で解説されているため、本書では詳細な解説を割愛します。

運用・レビュー・サポートフェーズ（第7章で解説）

　ダッシュボード構築時やダッシュボード構築後にダッシュボードのユーザーやプロジェクト関係者などに対して意見交換の場を設け、要求定義・要件定義時に出てこなかった追加の要望の収集を行い、ダッシュボードの改修を行います。データマートの修正が必要であればデータパイプラインの改修も行います。ダッシュボード構築後の運用ステップは軽視されがちなタスクですが、実施することを推奨します。

　ビジネスの状況変化に伴い、ダッシュボードに期待する役割も変化することがあります。新たにダッシュボードを作るという選択肢も視野に入れつつ、目的や状況に合わせたダッシュボード環境の整備を継続的に行いましょう。ユーザーのニーズに合致していないダッシュボードは無価値なものとなってしまい、次第に利用されなくなります。長期にわたって利用されるダッシュボードとするためには運用・レビュー・サポートフェーズは非常に重要です。

2.2

プロジェクトに必要なスキル

プロジェクトに求められるハードスキル・ソフトスキル

　ここまで、ダッシュボード構築プロジェクトの全体像と各フェーズの概要について解説してきました。各フェーズのより具体的な解説は次章以降で取り上げるとして、ここからはダッシュボード構築プロジェクトに必要なスキルについて解説します。

　図2.2.1は、ダッシュボード構築プロジェクト推進時に求められる代表的なスキルの例です。

　スキルセットは大きくハードスキル・ソフトスキルの二つに分類されます。ここではそれぞれの代表的なスキルの概要を解説します。

図2.2.1 ｜ プロジェクトに求められる代表的なスキル

ハードスキル	ソフトスキル
代表的なスキル ● BIツール操作スキル ● BIツール環境構築スキル ● SQLなどを用いたデータ抽出スキル ● データパイプライン構築スキル ● データベース環境構築・運用保守スキル	**代表的なスキル** ● プロジェクト管理スキル (第2章) ● 要求定義・要件定義スキル (第3章) ● アナリティクススキル (第4章) ● ダッシュボードデザインスキル (第5章) ● データマート設計スキル (第6章)

特定のソフトウェアやプログラミング言語など、具体的な手段についての技術

プロジェクトにおける特定の活動を行う上でベースとなる思考力や情報処理能力など、基本的能力

ハードスキル

ハードスキルはある目的を達成するために、特定のソフトウェアやプログラミング言語などを使用するような、具体的な手段についての技術を指します。

● BIツール操作スキル

TableauやPower BIなど特定のBIツールを操作する技術です。ダッシュボード構築プロジェクトでは、ダッシュボード構築の工数削減のために基本的にBIツールを導入してダッシュボード構築を行うことを前提とすることが多いです。そのため、プロジェクトメンバーの中に少なくとも1人は、導入するBIツールでダッシュボードを構築できる人が必要です。

プロジェクトメンバーにそのような人がいない場合は、ダッシュボード構築を支援する外部パートナーへの依頼やBIツールの操作スキルを持った人材の採用を検討してください。

データベースなどの外部データソースへのテーブル参照、テーブルの集計処理、チャート作成によるデータビジュアライズといったBIツールの基礎機能は、多くのBIツールで共通であるため、操作方法に若干の違いはあるものの、共通の知識で対応できます。例えばBIツールにPower BIを採用することが決まっていた場合で、プロジェクトメンバーにTableauに詳しい人しかなかったとしても、基本機能に限ったデザインのダッシュボードであれば、Power BIについて多少のトレーニングの時間を割けば対応可能でしょう。

BIツールによっては複雑な計算処理や特殊なチャートの作成、ユーザーがインタラクティブに分析粒度を切り替えることが可能といった、自由度の高い分析体験を提供できます。ただ、そのような応用的な機能はBIツール特有の機能であることが多く、操作方法も独自なものとなっています。したがって、応用的な機能を前提とした高度なダッシュボードを構築する場合は、導入するBIツールに対して専門的な知識を有した人材が必要です。

● BIツール環境構築スキル

BIツール導入時のシステム面での対応や、BIツールのソフトウェアが稼働するサーバーの運用・保守を行う技術です。

近年ではBIツールのソフトウェアを自社のサーバーにインストールして運用するようなオンプレミス型のものに加えて、BIツールベンダーがサーバー環境の運用・保守を行い、その環境の一部を有償で借りるようなSaaS型の提供も普及しています。このため、BIツール環境構築スキルは必須スキルとは言えなくなってきています。

ダッシュボード利用ユーザーが少ない導入初期のフェーズでは手軽なSaaS型を選択し、利用ユーザーが数百人以上など大規模化した後はコスト面に優れるオンプレミス型の導入検討を行うとよいでしょう。

● SQLなどを用いたデータ抽出スキル

SQLなどを用いてデータベースからダッシュボードの目的に最適化されたデータを作成する技術です。BIツールに接続可能なデータソースはBIツールごとに異なります。

ダッシュボードを構築するとき、多くの場合、データベースに保管されている生のデータを参照するのではなく、分析目的に合わせて生データを集計・統合するなどして加工したダッシュボード構築用のデータマートを参照します。そのため、データマートを作成するスキルが必要です。

簡易なダッシュボードの場合、生データに直接接続して構築することがありますが、生データに入っているデータは必ずしも全てがダッシュボード構築に必要とは限りません。例えば、商談履歴のデータに同一顧客の商談実績が複数入っていたとします。営業担当ごとに管理方法が異なっていて、最新のデータに更新する人もいれば、毎回新規で商談登録している人もいる会社だったとします（実際にあるのです）。商談数の集計定義として、最新の商談実績だけを用いたい場合、不要なデータは除いたほうがよいです。不要なデータを含んだまま使い、複数入っていることを忘れて集計した場合、集計方法次第では重複カウントされ、商談数が意図した結果にならない可能性があります。

また、生データの形式がダッシュボード構築に適していないこともあります。例えば、ECサイトの売上実績のデータが1回の決済・商品ごとに入っているとします。日別でECサイトの売上、商品の売上ランキングがわかればよいという目的の場合、1回の決済ではなく、日次での商品ごとの粒度での集計データがあればよいのです。

　不要なデータを含め、膨大なデータをBIツールに入れることによるダッシュボード構築時のミス（誤ったデータを使って集計、分析に不要な時期のデータを含んだ集計など）や計算処理時間の長大化（パフォーマンスの悪化）を避けるためにデータマートを作成します。

　私たちのチームの場合は、SQLを用いています。SQLはこのようなデータ加工を行う際に用いるプログラミング言語の一種です。プロジェクトメンバーに少なくとも1人はSQLなどを用いて必要なデータを作成できる人が必要です。

● データパイプライン構築スキル

　各SaaSサービスや自社の基幹システムのデータなど、散在しているデータを一つのデータベースに集約し、前項で説明したSQLによるデータマート作成処理までの一連のデータ処理のプロセスを構築する技術です。

　このデータ処理プロセスのことを、抽出（Extract）・加工（Transform）・送出（Load）の三つの処理内容の頭文字を取り、ETLあるいはELTと呼びます。データ処理の順番として加工が先であればETL、送出が先であればELTとなります。また、この仕組みを実現するためのツールやサービスのことをデータパイプラインツールやデータパイプラインサービスと呼びます。具体的にはApache AirflowやDigdag、最近ではdbtが挙げられます。

　ダッシュボードは日々の業務に用いることが多いため、データマートが毎日最新の状態に更新され続けることが理想的です。この更新作業を毎日定時に人力で行うのは多くの工数がかかり、人為的なミスも起こる可能性があるため、現実的ではありません。

　そのため、長期で高頻度に利用することを前提としたダッシュボードを運用する場合には、データマートの更新を自動で行うためにデータパイプライン構築を行う必要があります。

　データパイプラインの設定に用いるプログラミング言語はPythonやYAMLとなりますが、ツールによって使用する言語が異なります。このため、データパイプライン導入前にその言語を使うことができる人材がプロジェクトに所属しているかどうか、確認してから導入するツールを選定してください。

● データベース環境構築・運用保守スキル

SQLによるデータマート作成スキルの解説で触れましたが、一つのデータベースに集約したダッシュボード専用のデータマートをダッシュボードのデータソースとすることが望ましいです（図2.2.2）。

図2.2.2 | 一つのデータベースにデータマートを集約

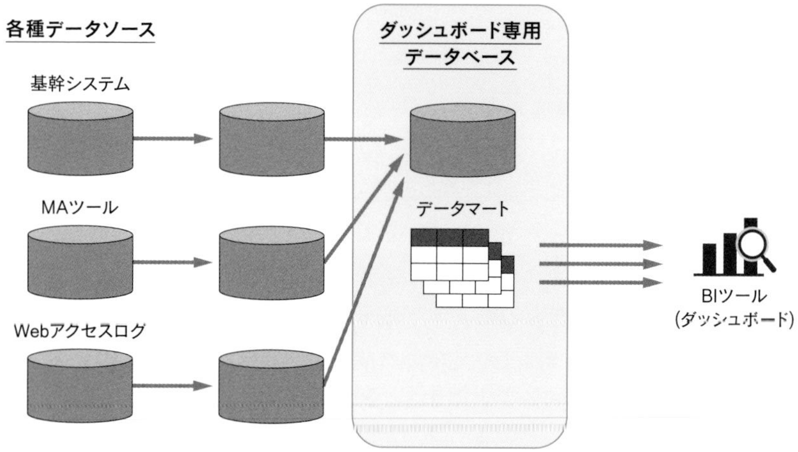

このデータベースの環境構築・運用保守を行う人が必要です。コストや工数削減の面から、近年ではAWSやGCPなどのクラウド環境にデータを集約することが多いです（もちろんセキュリティ・ポリシーの観点から、オンプレミス環境にデータベースのサーバーを置く企業もいらっしゃいます）。

データベースを構築する環境は、機能やセキュリティ・ポリシーの観点などから検討した上で選定します。データベース構築・運用保守のスキルを持った人材も確保してください。

なおTreasure Data CDPのようなデータ利活用に特化したクラウドサービスを導入する場合は、サービスを提供するベンダーが運用保守を担っているため、データベースの運用保守を自社で行う必要はありません。

ソフトスキル

ソフトスキルは、プロジェクトにおける特定の活動を行う上でベースとなる思考力や情報処理能力などを指します。

● プロジェクト管理スキル

ダッシュボード構築プロジェクトでは各フェーズのタスクに加えて、ダッシュボードの詳細な仕様を決定するためのコミュニケーションや、データ調査や指標の計算ロジックの検討など、関係者全体には見えづらい多くの作業が発生します。

これらのタスクや作業を取りこぼさずに完了させるために、プロジェクトマネジメントが重要です。プロジェクトマネジメントで具体的にどのようなことを行うかについては本章の最後の節で解説します。

● 要求定義・要件定義スキル

ダッシュボード構築プロジェクトの全体像の中で概要を解説しましたが、要求定義と要件定義がプロジェクトの初期には必要です。

要求定義は、どんなビジネス課題、KGI/KPIのためにダッシュボードを利用するのかなどの情報整理をします。例えば図2.2.3のようなことが求められます。

図2.2.3 | 要求定義で行うこと

ビジネス理解
・どんな事業をしていて、誰が顧客なのか ・現状の課題や目標、取り組んでいる施策　など

ダッシュボード利用ユーザーの業務理解
・担当領域（広告宣伝、商品企画、販促企画など） ・KGI/KPIの整理（売上、購入者数、サイト来訪数、広告リーチ数など） ・現状の課題や目標、取り組んでいる施策　など

現状や課題の整理
・KGI/KPI/CSF整理 ・As-Is/To-Be整理 ・課題整理　など

また、要件定義では誰が・どんな目的で・いつ（どのような業務プロセスで）そのダッシュボードを利用するのか、想定ユースケースの整理と要求定義したものを満たすために必要な要素や具体的に使用するデータの整理もします。例えば図2.2.4のようなことが求められます。

図2.2.4 | 要件定義で行うこと

ダッシュボードの想定ユースケースの整理
- 誰が使うのか
- どんな目的で、いつ使うのか　など

構築するダッシュボードと利用するデータの整理
- 目的を果たすために必要なダッシュボードの整理
- 用いるデータの整理

ダッシュボードの構成要素の整理
- 主要な指標
- 指標間の関係性
- 比較軸　など

　要求定義・要件定義をどのように行えばよいかの指針については、第3章で解説します。

● **アナリティクススキル**

　要求定義・要件定義で整理された「ダッシュボードで知りたいこと」をどうすれば知れるのか、具体的に整理する必要があります。

　「どのような指標を」「どのような集計粒度で」「どのような計算ロジックを用いて」「どのような比較を行うか」といった分析要件を整理します。

　また、ダッシュボードはデータを見て終わりではなく、アクションに繋げるところまでたどり着くことで価値が最大化されます。そのため、ダッシュボードで得られた結果が次のアクションにどのように影響するのかも理解・想定できている必要があります。

　これらはアナリティクススキルとして具体的に必要なスキルです。「アナリティクス」「分析」と聞くと、中には「データを集計・分析して結果を報告するところまで」とイメージされる方もいるかもしれません。ダッシュボードに限らず、「アナリティクス」「分析」もアクションに繋げてこそ価値が最大化されます。そのため、ダッシュボードのユーザーの業務内容や分析結果を理解す

るビジネス知識や実務知識も必要です。

　これらのスキルは、ダッシュボード設計のフェーズで特に必要なスキルです。ダッシュボード設計をどのように行えばよいかの指針については、第4章で解説します。

● ダッシュボードデザインスキル

　整理したダッシュボード要件や分析要件（指標、集計粒度、計算ロジック、比較軸など）を具体的な分析体験や、ダッシュボードの画面のデザインに落とし込む能力がダッシュボードデザインスキルです。ダッシュボードデザインは、レイアウトデザインとデータ可視化の二つの作業に分けられます。

　レイアウトデザインのフェーズではユーザーがストレスなく分析に集中できるダッシュボードデザインにするために、レイアウトテンプレートの作成とチャートやフィルターなど各要素の配置を決定します。このとき、画面全体の色合いやデザインテーマといったトーン＆マナー（自社内で定められた色やフォントのポリシーに合わせるなどダッシュボード全体におけるルール）の設定も行います。

　データ可視化では、分析要件の中で重要な要素は何か・それを知覚しやすい表現方法は何かを考え、最適なチャートへ変換する作業を行います。データ可視化にあたり、導入するBIツールが作成できるチャートを把握していることが前提となるため、データ可視化の作業を行う人はBIツール操作スキルも高いことが理想です。

　ダッシュボードデザインスキルは、ダッシュボードの使いやすさに直結するスキルです。ダッシュボード構築は一般的にはエンジニアリング寄りのプロジェクトと捉えられ、ダッシュボードデザインの目線が疎かになりがちです。可能であればデータ分析とデータ可視化に素養のある人材（同一人物で両方備わっていれば理想ですが、それぞれアサインすることが現実的）にダッシュボードデザインを依頼して、使いやすいダッシュボードの構築を目指しましょう。

　ダッシュボードデザインをどのように行えばよいかの指針については、本書の第5章で解説します。

● データマート設計スキル

　ダッシュボードデザインを実現するために必要なデータマートを設計する能力です。BIツールがデータソースとして参照するデータマートの構造は設計したダッシュボードを実現するために最適化されたものであることが望ましいです。

　SQLによるデータマート作成スキルの項で触れましたが、作成するチャートに対して参照するデータの情報粒度が細かすぎる場合、データの読み込み時間が長大になることがあります（パフォーマンスの低下）。これは、分析体験を損ねることに繋がります。例えば日々の都道府県別の売上金額をチャートで作成する場合に、秒単位の購入日時×店舗ID×売上金額のような未加工のログに近いテーブルは、作成したいチャートに対して情報粒度が細かいと言えるでしょう。未加工のログのレコード数が数百万行以下の小さいデータであれば問題ありません。しかし、レコード数が数千万行以上の大きなデータである場合は、チャートの描画の計算処理に数分を要し、利用しにくいダッシュボードとなりかねません。

　もちろん、多くのコストを割いてハイスペックなサーバー環境や分析環境を構築することで、BIツールのパフォーマンス低下は避けられる問題ではあります。しかし、ダッシュボードはそれ自体が売上を生むものではない以上、なるべく低コストでの運用を求められるというのも事実です。このように複数の観点から、ダッシュボードデザインに最適化されたデータマート構築をすることは重要と言えます。

　データマート設計をどのように行えばよいかの指針については、第6章で解説します。

2.3

プロジェクト体制

プロジェクトのメンバーと役割

ここまで、ダッシュボード構築プロジェクトの全体像と各フェーズの概要、プロジェクトに必要なスキルについて解説しました。ここからはダッシュボード構築プロジェクトに関わるメンバーと役割について解説します。

ダッシュボード構築プロジェクトには次のメンバーが主に関わります。企業によって名称、スキル定義が異なると思いますので、以降で解説する役割を自社のケースに当てはめてみてください。

- プロジェクトマネージャー
- コンサルタント、マーケター、経営・事業企画担当者
- データアナリスト
- エンジニア（データエンジニア、BIエンジニアなど）
- ダッシュボード活用責任者
- ダッシュボード構築プロジェクトのオーナー　など

企業規模、組織体制、プロジェクト規模によって、上記のメンバーの構成は異なります。

- 挙げたメンバー全てが参加するケース
- 複数の役割を兼任する形でこの中の一部の方が参加するケース
- 幅広く兼任する形で1〜2名の少人数が参加するケース

ここでは、上記に挙げたメンバーがダッシュボード構築プロジェクトの各フェーズのどこで関わり、どのような役割を果たすことを求められるのかを、主なものに絞って説明します（図2.3.1）。

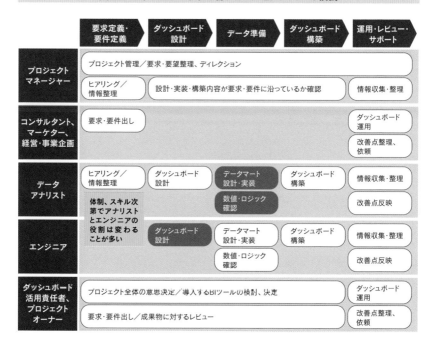

図2.3.1 | プロジェクトの各フェーズとメンバーの役割

	要求定義・要件定義	ダッシュボード設計	データ準備	ダッシュボード構築	運用・レビュー・サポート
プロジェクトマネージャー	プロジェクト管理／要求・要望整理、ディレクション				
	ヒアリング／情報整理	設計・実装・構築内容が要求・要件に沿っているか確認			情報収集・整理
コンサルタント、マーケター、経営・事業企画	要求・要件出し				ダッシュボード運用
					改善点整理、依頼
データアナリスト	ヒアリング／情報整理	ダッシュボード設計	データマート設計・実装	ダッシュボード構築	情報収集・整理
	体制、スキル次第でアナリストとエンジニアの役割は変わることが多い		数値・ロジック確認		改善点反映
エンジニア		ダッシュボード設計	データマート設計・実装	ダッシュボード構築	情報収集・整理
			数値・ロジック確認		改善点反映
ダッシュボード活用責任者、プロジェクトオーナー	プロジェクト全体の意思決定／導入するBIツールの検討、決定				ダッシュボード運用
	要求・要件出し／成果物に対するレビュー				改善点整理、依頼

● プロジェクトマネージャー

　ダッシュボード構築プロジェクト全体を通じて関わります（図2.3.2）。

図2.3.2 | プロジェクトマネージャーのフェーズごとの関わり方と役割

プロジェクト全体

- プロジェクト管理（進捗管理、体制管理）
- 要求・要望の追加・変更が発生した場合の内容整理、ディレクション

要求定義・要件定義フェーズ

- 要求（ビジネス課題や取り組み、KPIなど）・要件（ユースケースや分析の視点など）のヒアリング、整理

ダッシュボード設計～ダッシュボード構築フェーズ

- データアナリストやエンジニアが設計・実装・構築した内容が要求・要件に沿っているかの確認

運用・レビュー・サポートフェーズ

- 運用時の問い合わせ受付
- 運用後レビューの収集と改善内容整理

● **コンサルタント、マーケター、経営・事業企画担当者**

　ダッシュボード構築プロジェクトの要求定義・要件定義、ダッシュボードの運用・レビュー・サポートのフェーズで関与が強まります。他のフェーズでも適宜意思決定や認識合わせを行います（図2.3.3）。

図2.3.3｜コンサルタント、マーケター、経営・事業企画担当者のフェーズごとの関わり方と役割

要求定義・要件定義フェーズ
・要求・要件の洗い出し、リクエスト

運用・レビュー・サポートフェーズ
・ダッシュボード運用 ・運用後のレビュー・改善点整理、依頼

● **データアナリスト**

　ダッシュボード構築プロジェクトに幅広く関与します。エンジニアスキルを保有している場合、以降に記述するエンジニアの関わり方と兼務することもあります（図2.3.4）。

図2.3.4｜データアナリストのフェーズごとの関わり方と役割

要求定義・要件定義フェーズ
・要求・要件のヒアリング、整理：プロジェクトマネージャーが中心に進めつつ、アナリスト目線でより良くするための検討を行う

ダッシュボード設計フェーズ
・要求定義・要件定義をもとにダッシュボード設計 　✓分析要件（指標や粒度、計算ロジック、比較軸など）整理 　✓得られる結果とアクションの関係性整理 　✓ダッシュボードデザイン

データ準備フェーズ
・ダッシュボード設計をもとに必要なデータマート設計・実装 ・数値、計算ロジックチェック：データエンジニアがアサインされている場合はデータマート設計・実装はデータエンジニアに任せることが多い

ダッシュボード構築フェーズ
・ダッシュボード設計をもとに、用意したデータマートを用いてダッシュボードを構築 　✓BIツール上でのデータ接続、前処理、関数作成 　✓チャート作成、ダッシュボード配置 　✓フィルターなど動的機能の設定 　✓パフォーマンスチェック

※次ページへ続く

第2章　ダッシュボード構築プロジェクトの全体像

運用・レビュー・サポートフェーズ

・運用後レビューの収集と改善内容整理
・改善点の反映

● エンジニア（データエンジニア、BIエンジニアなど）

　ダッシュボード構築プロジェクトの中ではダッシュボード設計が完了した後に関与が強まります。データアナリスト同様に保有しているスキル次第ですが、ダッシュボード設計フェーズから関わることもあります（図2.3.5）。

図2.3.5 ｜ エンジニアのフェーズごとの関わり方と役割

ダッシュボード設計フェーズ

・要求定義・要件定義をもとにダッシュボード設計
　✓分析要件（指標や粒度、計算ロジック、比較軸など）整理
　✓得られる結果とアクションの関係性整理
　✓ダッシュボードデザイン

データ準備フェーズ

・ダッシュボード設計をもとに必要なデータマート設計・実装
・数値、計算ロジックチェック

ダッシュボード構築フェーズ

・ダッシュボード設計をもとに、用意したデータマートを用いてダッシュボードを構築
　✓BIツール上でのデータ接続、前処理、関数作成
　✓チャート作成、ダッシュボード配置
　✓フィルターなど動的機能の設定
　✓パフォーマンスチェック

運用・レビュー・サポートフェーズ

・運用後レビューの収集と改善内容整理
・改善点の反映

● ダッシュボード活用責任者、プロジェクトのオーナー

　ダッシュボード構築プロジェクト全体を通じて関わります。ただし、プロジェクトマネージャーとは役割が異なり、意思決定を行うことが求められます。また、活用責任者の場合、実際にそのダッシュボードを活用してビジネス貢献に向けたアクションを行うミッションを担っているため、コンサルタントやマーケター、経営・事業企画担当者の役割と兼任していることも多いです（図2.3.6）。

図2.3.6│ダッシュボード活用責任者、
プロジェクトのオーナーのフェーズごとの関わり方と役割

プロジェクト全体

- プロジェクト全体の意思決定
- 導入するBIツールの検討、意思決定

要求定義・要件定義フェーズ

- 要求・要件の洗い出し、リクエスト
- プロジェクトの成果物に対するレビュー

ダッシュボード設計～ダッシュボード構築フェーズ

- プロジェクトの成果物に対するレビュー

運用・レビュー・サポートフェーズ

- ダッシュボード運用
- 運用後のレビュー・改善点整理、依頼

　ダッシュボード構築プロジェクトにおける関係者とその役割の概要は以上です。先述したプロジェクトに必要なスキルの概要、第3章以降で解説する各フェーズの詳細説明をもとにどんな人をアサインすべきなのか、プロジェクト立ち上げ前に整理し、できる限り望ましい体制でプロジェクトに臨みましょう。

兼任しながら進める場合の組み合わせ

　次の四つの領域のメンバーのアサインが理想的です。各領域に複数名アサインできているプロジェクトもあれば、一方で1～2名で各領域を兼任しながら進めているプロジェクトもあります。先述したように企業規模、組織体制、プロジェクト規模によって採用できる体制は異なります。

- プロジェクトマネージャー
- コンサルタント、マーケター、経営・事業企画担当者
- データアナリスト
- エンジニア（データエンジニア、BIエンジニアなど）

　いずれにしてもアサインされたメンバーのスキルやレベルを踏まえた最適な役割の範囲を決め、プロジェクトに取り組みます。例えば四つの領域全て

を揃えられなかった場合、以下のような組み合わせで進めることもあります。目的やプロジェクトの規模、難易度、構築にかけられる期間などによって実現性は変わりますので、参考情報としてご覧ください。

● プロジェクトマネージャー＋データアナリスト

どちらかが要求定義・要件定義を行うことができ、さらにデータアナリストがデータマートの設計・実装とダッシュボード構築ができる場合、実現可能な組み合わせです。この場合、データアナリストはアナリティクススキルに加えて、SQLなどを用いたデータ抽出スキルやBIツールの操作スキルが必須です。

● プロジェクトマネージャー＋エンジニア

プロジェクトマネージャーが要求定義・要件定義を行うことができ、さらにエンジニアがダッシュボードの設計から対応可能な場合、実現可能な組み合わせです。この場合、エンジニアはKPIや分析の比較軸などについてのアナリティクススキルをある程度保有していることが望ましいです（プロジェクトマネージャーが補完するケースもあります）。

ダッシュボード構築プロジェクト関係者のアナリティクススキルが不足している場合、関係者だけではダッシュボードの要件を固めることが難しいため、どのようなKPIをどういった形で確認したいのかをダッシュボードのユーザーに細かにヒアリングし、決めて、構築に取り組むのが望ましいです。

● コンサルタントなど＋データアナリスト or エンジニア

コンサルタント、マーケター、経営・事業企画担当者が要求定義・要件定義を行うことができ、さらにデータアナリストやエンジニアがプロジェクトマネージャーとの組み合わせの際の条件と同様の動きができる場合に実現可能な組み合わせです。ダッシュボードで見たい内容がシンプルであったり、明確であったりした場合にこの組み合わせで取り組んでいるケースが見られます。

● データアナリスト＋エンジニア

　データアナリストが要求定義・要件定義を行うことができ、データアナリストとエンジニアがダッシュボード設計以降のプロセスについてスキルを補完し合える場合、実現可能な組み合わせです。ダッシュボードで見たい内容がシンプルであったり、明確であったりした場合にこの組み合わせで取り組んでいるケースが見られます。

● 1人で全てを担当

　幅広く知識を有している場合は実現可能です。組織体制やダッシュボードの目的によって、やむなく1人で全てを担当するケースももちろんありますが、ダッシュボード構築のプロセスを一通り対応できる必要があります。

　どの組み合わせの場合でも、求められるスキルを満たせる人材のアサインが必須ですが、プロジェクトメンバーとして挙げた全ての領域のメンバーが揃っていなければダッシュボード構築ができないわけではありません。自社の状況に合わせてアサイン、採用、スキル習得を進めていただければと思います。

2.4

プロジェクトの進め方

ウォーターフォール開発とアジャイル開発

　ここまで、ダッシュボード構築プロジェクトの全体像と各フェーズの概要、プロジェクトに必要なスキル、関わるメンバーと役割、体制について解説しました。ここからはどのようにプロジェクトを進めていくのかについて解説します。

　まずはダッシュボード構築プロジェクトの進め方について解説します。一般的に、開発プロセスの種類としてご存知の方もいると思いますが、大きく「ウォーターフォール開発」と「アジャイル開発」があります。ダッシュボード構築プロジェクトの場合のそれぞれの進め方の特徴や両者の違いを解説します（図2.4.1）。

図2.4.1 ｜ ウォーターフォール開発とアジャイル開発の特徴

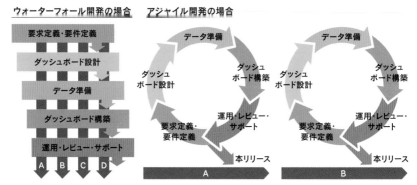

● ダッシュボードが果たす目的（KPIモニタリング、深掘り分析、施策効果検証など）やユーザー（部門責任者、施策担当など）などに沿ってダッシュボードをいくつかのパーツに分ける
● ウォーターフォール開発では全てを順に進め、アジャイル開発ではパーツごとに進める

● **ウォーターフォール開発**

　ウォーターフォール開発は、要求定義・要件定義〜運用までの一連の工程を順番に進める方法です。詳細な粒度まで要件や仕様を決め、計画的に進めます。基本的に一つの工程が完了してから次の工程に進み、前の工程に戻ることは想定していません。

　柔軟性はないですが、計画があらかじめ決まっているため、スケジュールや進捗、コスト、人員の管理がしやすいという特徴があります。必要な人員や時間の確保、成果物に対して明確に期待値を設定できるので、品質も担保しやすいです。

　一方で、途中の変更に対して、内容次第ではありますが、大幅な納期遅延やコスト増加が発生するリスクがあります。

　その特徴から、長期にわたる大規模なプロジェクト、仕様変更がほとんどないプロジェクトに適した方法です。

● **アジャイル開発**

　アジャイル開発は、要求定義・要件定義〜運用までの一連の工程を小さなサイクルとして繰り返す方法です。全ての要件をあらかじめ定義し、一つずつ工程を進めるウォーターフォールとは違い、要件を細かく切り出し、小さな単位にして工程を進め、段階的に拡張します。

　工程を繰り返し、より良くしていくという進め方なので、全てを綿密に決めなくてもプロジェクトを進めることができます。追加の要望や変更にも柔軟に対応が可能です。

　一方で、柔軟であるがゆえに当初の目的・計画から逸れやすくなります。結果としてプロジェクトが長期化する、コストが増える、プロジェクトが中止になるリスクがあります。そうならないようにプロジェクトをリードできる人が必要になります。

　その特徴から、短期間の小〜中規模なプロジェクト、作りながらより良くしていくことを許容されるプロジェクトに適しています。

ダッシュボード構築プロジェクトの最適な進め方

さて、ダッシュボード構築プロジェクトはどのように進めるのがよいのでしょうか。**プロジェクトの特徴（期間、規模、仕様変更の可能性、アサインできる体制、費用など）に合わせてウォーターフォール開発かアジャイル開発かを選ぶ、というのが基本的な考え方です。内容によっては、両方の特徴を活かしたハイブリッド型の進め方が適しているかもしれません。**私たちのチームが担当しているプロジェクトでもウォーターフォール開発／アジャイル開発だけでなくハイブリッド型を採用しているケースが多いです。

私たちのチームの場合は、お客様のご要望によってどの進め方を選ぶか決まるケースもあります。例えば、次のようなお考えをいただくことがあります。

① 早くデータを見て課題を把握し、アクションに繋げたい。数カ月もダッシュボードが構築されるのを待っていられない。
② ダッシュボードでいろいろわかるようにしたい。いろいろな部署の担当者がいて、それぞれ見たいものが違う。
③ ダッシュボードプロジェクトを進めるにあたって担当役員に承認を取る必要がある。具体的な内容やスケジュールなどを決めないといけない。
④ ダッシュボードでどんなことができるかツールの理解も含めて詳しくわかっていないからどのように進めていいかわからない。

上記の①〜④に適しているのは、どの進め方だと思いますか？ 必ずしもウォーターフォール開発とアジャイル開発のどちらかだけが正解というわけではありません。参考までに述べると、②と③については、ウォーターフォールのほうが適しているケースが多く、①と④については、アジャイルのほうが適しているケースが多いでしょう。

①〜④について、私たちの考えを紹介します。

① 早くデータを見て課題を把握し、アクションに繋げたい。数カ月もダッシュボードが構築されるのを待っていられない。
→ 短期間で成果を求めているため小さく始めて、徐々に改善するアジャイル開発のほうが合っている。

②ダッシュボードでいろいろわかるようにしたい。いろいろな部署の担当者がいて、それぞれ見たいものが違う。

→目的や想定ユースケースが多く、要件定義をしないと手戻りが発生する可能性があるため、ウォーターフォール開発のほうが合っている。

③ダッシュボードプロジェクトを進めるにあたって担当役員に承認を取る必要がある。具体的な内容やスケジュールなどを決めないといけない。

→事前に詳細まで決めないといけない。担当役員にこまめに確認し、都度承認を得ながら進めることが難しい場合、ウォーターフォール開発のほうが合う（スピーディーに確認いただける状況の場合はアジャイル開発も可）。

④ダッシュボードでどんなことができるかツールの理解も含めて詳しくわかっていないからどのように進めていいかわからない。

→プロジェクトのオーナーやダッシュボード活用責任者の方などに理解いただきながら少しずつ進めたほうが、関係者の足並みが揃う。想定と違っているケースが発生しても軌道修正しやすい。

● ダッシュボード構築プロジェクトにおけるハイブリッド開発

　ここで例として挙げたものが個別のプロジェクトであればよいのですが、仮に上記の①～④が全て同じプロジェクトで発生した場合、どうすればよいでしょうか。プロジェクトの規模次第では起こりうることです。

　ウォーターフォール開発かアジャイル開発かという二者択一ではなく、ハイブリッド開発もプロジェクトの進め方の選択肢として検討しましょう。

　ハイブリッド開発のイメージは図2.4.2の通りです。要求定義・要件定義やダッシュボードの大枠の設計はウォーターフォールで進めるので、全体の計画や方向性を決められます。その枠組みの中で優先順位や実現可能性（スケジュールやデータの準備状況など）が高いものから詳細な要件の設計、データ準備、ダッシュボード構築、運用・レビューを行います。それらが終わったら、次に構築すると決めていたパートの詳細な要件の設計、データ準備、ダッシュボード構築、運用・レビューを行います。この繰り返しで全て用意ができたら全体のレビュー、最終リリース、運用・保守へと進みます。

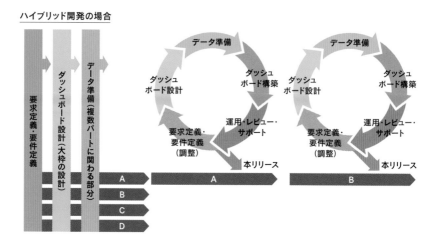

図2.4.2 ｜ ハイブリッド開発の特徴

　最初に全体に対して要求定義・要件定義やダッシュボードの大枠の設計を
するため、プロジェクト関係者の意見を広く・深く拾うことができ、取り組
む優先順位を考慮したスケジュールやアサインを計画的に検討することが可
能です。

　詳細な要件の設計〜構築は小さく分けて進めるためスピーディーにダッ
シュボードの利用まで繋げることができ、ウォーターフォール開発に比べて
早期に活用成果を期待できます。また、軌道修正にも柔軟に対応が可能です。

　データマート設計・実装については、プロジェクト全体を通して見ると一
括して進めたほうが効率的なことが多いです。データの修正によってこれま
でに作っていたダッシュボードにも影響する可能性があるためです。プロ
ジェクトを見渡して影響範囲やかけられる時間、リソースを考慮し、どのよ
うに進めるかを検討しましょう。

　ウォーターフォール開発、アジャイル開発、ハイブリッド開発いずれもメ
リットとデメリットがあります。ハイブリッド開発でも、ウォーターフォー
ル開発とアジャイル開発のそれぞれを補完し合う一方、それぞれのメリット
が薄まったり、デメリットが発生したりする可能性があるのです。自社の状
況に合わせて、適した進め方を採用してください。

　ただし、**注意すべきは、どの進め方を採用しても、要求定義・要件定義〜**

運用・レビュー・サポートまでの一連の流れをたどる必要がある、という点です。どのフェーズも疎かにすれば、たちまち使ってもらえないダッシュボードになってしまう可能性があるのです。

プロジェクトの各フェーズに必要な成果物

プロセスの各フェーズには作業内容に対応した成果物を設定し、プロジェクト関係者と合意形成を行うことをおすすめします。その狙いは次の通りです。第3章以降では、各フェーズの成果物についても触れています。

- 必要な成果物をプロジェクト関係者が理解することで作業の見通しがつきやすくなること
- 成果物の作成を小さな目標としてスケジュールに置くことでプロジェクト管理がしやすいこと
- アウトプットとしての成果物が次ステップの作業におけるインプットとなることでコミュニケーションコストを削減するとともに作業の連携が取りやすくなること
- アウトプットがあることで期待値に達しているかの確認がしやすくなること

プロジェクトマネジメントの重要性と具体的な内容

本章の最後に、プロジェクトマネジメントの重要性と具体的な内容について解説します。本書ではダッシュボード構築におけるプロジェクトマネジメントの中でも進行管理についてのみ、解説するに留めます。より詳細な情報はプロジェクトマネジメントに関する書籍をご参照ください。進行管理以外にも目的・目標整理やメンバーアサインなどの必要な要素が多く存在します。

ダッシュボード構築プロジェクトの特徴の一つに、その規模や利用用途、使うデータソース次第でプロジェクトに関わる組織が横断的になりやすい、というのがあります。横断的になるほど、プロジェクト関係者とユーザーは増加します。プロジェクトメンバーが増えるにつれ、方向性を決定すべき論

点がどれくらい残っているか、解決すべき事項がどれくらいあるのか、現在何のタスクがあり、誰がどのようなスケジュールで取り組んでいるのかといったプロジェクトの現在地を把握しづらくなります。

結果、プロジェクトメンバーが思い思いにタスクを実施する状況になり、結果的にプロジェクトが停滞します。あるいはプロジェクトが解散する事態に発展してしまうかもしれません。

そのような状況になることを防ぎ、プロジェクトの歩みを統制・管理して一歩一歩進めるためには、プロジェクトマネジメントは必要不可欠です。

ダッシュボード構築プロジェクトにおける進行管理

ダッシュボード構築プロジェクトの進行管理では、ロードマップ作成、スケジュール進捗管理、タスク管理、課題管理、会議設定・実施を行います。

● ロードマップ作成

ロードマップとは、プロジェクトの全体像を俯瞰的に描いた計画書のことで、プロジェクトのゴール、そこに向けた工程、中間目標（マイルストーン）や成果物を設定したものです（**図2.4.3**）。ダッシュボードに関する内容だけでなく、全体戦略や施策についても併記することで、構築するダッシュボードをどのアクションのために活用できるかも確認できるようにします。

長期にわたり構築するような大きなプロジェクトの場合、ロードマップの必要性が高まります。ロードマップがあればプロジェクトのゴール・中間目標、工程の概要をプロジェクトメンバー全体で共有できるため、プロジェクトを円滑に進めるためには作成したほうがよいでしょう。

図2.4.3 | ロードマップイメージ

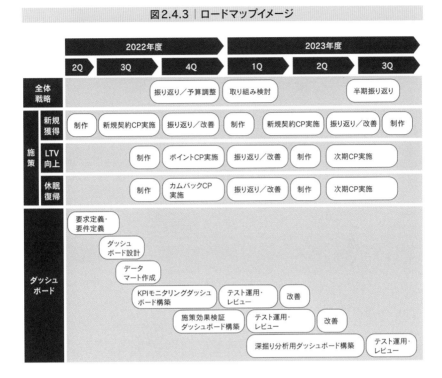

● **スケジュール進捗管理**

　ロードマップはプロジェクト開始時に四半期や月ごとといった比較的粗い粒度で計画を立てるのに対し、スケジュール進捗管理表はプロジェクト運用時に進捗状況を確認するため、週ごとなどの細かい粒度で作成・管理します（**図2.4.4**）。

　スケジュール進捗管理表は、現在のフェーズで実施すべきタスクの一覧を棚卸しした後に、それらをいつまでに完遂できるのか、所要工数を見積もりながら組み立てます。スケジュールの進捗状況はプロジェクトメンバーが集まる会議で確認することが多いです。現在実施中のタスクの完了が予定よりも遅延する場合や、次に控えるタスクの着手前に、行わなければならない事前タスクが発覚した場合など、何らかの理由でスケジュールの見直しが必要な場合はスケジュール進捗管理表の修正を適宜行います。

第2章　ダッシュボード構築プロジェクトの全体像

図2.4.4 | スケジュール進捗管理表イメージ

| | 3Q | | | | | | | | | | | | | | |
| | 1月 | | | | | 2月 | | | | | 3月 | | | | |
	1w	2w	3w	4w	5w	1w	2w	3w	4w	5w	1w	2w	3w	4w	5w
全体進行			過去資料確認 1月XX日の定例会で確認事項説明			過去内容へのヒアリング 1月XX日の定例会でヒアリング									
要求定義・要件定義			KPI整理		1月定例会でブラッシュアップ										
						顧客セグメンテーション	内容に応じて追加分析実施								
ダッシュボード設計						KPI関連データ調査	データに関するQ&Aを分科会で実施予定								
								ダッシュボード設計							
データ設計											データマート設計				
													データマート構築		

● **タスク管理と課題管理**

　タスクの進捗状況を詳細に管理するために、タスク管理表を作成します（図2.4.5）。タスク管理表ではタスクの一覧化だけでなく、タスク内容、タスク担当者、タスクの想定終了日などの情報も併せて記載し管理運用します。

　プロジェクトが小規模の場合はタスクの総量が少ないため、タスク管理表を作るまでもないときもあります。しかし、プロジェクトが大規模な場合はタスクの総量が非常に多くなり、同時にプロジェクトメンバーが増えることから、どのタスクを誰が担当するのかを割り当て、タスク管理表に情報をまとめる必要があります。プロジェクト開始時点に目先のタスクを整理した際に、タスクの量が多く管理が煩雑になりそうな場合は、タスク管理表の作成を検討してください。

図2.4.5｜タスク管理表のイメージ

| No | ステータス | タスク | | 主担当 | | |
		詳細タスク	成果物	担当企業	担当ご部署	担当者
1	作業中	KPIツリー設計	KPIツリー	XX様/TD	事業企画様	XX様、YY様、池田
2	作業中	過去分析資料確認	ヒアリング事項	XX様/TD	事業企画様	ZZ様、池田
3	未着手	KPIに関するデータソース、テーブル、カラム整理	データ定義書	TD	TD	池田
4	未着手	顧客セグメント仮説検討	セグメント仮説	XX様	事業企画様	YY様、ZZ様
5	クローズ	ダッシュボード利用目的、利用者整理	要件定義書	XX様/TD	事業企画様	XX様、YY様、池田

| 着手日 | | 完了日 | | 管理 | |
予定	実績	予定	実績	遅延	課題／共有したい懸念事項
2023/01/16	2023/01/16	2023/01/31			別途分析を行うかもしれない。次回打ち合わせで進め方を検討
2023/01/11	2023/01/16	2023/01/31			ー
2023/02/01		2023/02/09			一部データに欠損の可能性あり。管理部署にヒアリングを行う（YY様）
2023/02/01		2023/02/09			別部門で以前検討したものがある。そちらをもとに再検討
2022/12/13	2022/12/13	2022/12/27	2022/12/27		

　タスクを漏れなく棚卸しするために、タスク整理の事前作業として課題管理表（図2.4.6）を作成することもおすすめです。課題管理表はロードマップのゴールを目指す上で、現時点でプロジェクト進捗の障壁になることが予想されている解決すべき課題を整理したものです。

　ダッシュボード構築におけるプロジェクトの課題は、KPIの目標値の設定や各指標の計算ロジックの定義などのビジネスサイドの課題から、データの取り込みや加工などのエンジニアリングサイドの課題まで、広い領域にわたって散在しています。課題を整理する際はプロジェクトマネジメントの中心人物が単独で行うのではなく、ダッシュボード構築プロセスの実務を担当するメンバーも一緒に行うようにしてください。タスク整理も同様です。

図 2.4.6｜課題管理表のイメージ

#	ステータス	課題先	記載者	記載日	タイトル	課題
1	作業中	XX→TD	YY	2023/01/18	KPIツリーに関して	サイト来訪の行動をKPIツリーに入れられないか？それに伴い、何を入れるべきか分析を相談したい
2	未対応	XX→TD	YY	2023/01/20	KPIツリーに関して	データに欠損があるかもしれず、対応方針を相談したい
3	処理中	TD→XX	池田	2023/01/16	いただいた資料Aに関して	この資料の17ページ目にある顧客区分の定義とデータソースを教えていただきたいです
4	クローズ	TD→XX	池田	2022/12/22	ダッシュボード構築のスケジュールについて	3月末に進捗を社内に報告する必要が出てきたため、報告可能な範囲を相談したい

関連タスク	回答者	状況	回答日	回答・結論
KPIツリー設計	池田	次回お打ち合わせで方針検討	2023/01/18	
KPIツリー設計	池田	次回お打ち合わせで詳細をお聞かせください	2023/01/20	
過去分析資料確認	XX様	担当部門に問い合わせ中	2023/01/18	
ダッシュボード構築	花岡	ダッシュボード化されている必要はなく、プロジェクトの進捗や取り組みからわかっていることを報告する必要がある	2022/12/27	KPIツリー整理、それに伴う一部分析結果のご報告。ダッシュボードの設計図をご納品予定

● **会議体の設計**

　忘れられがちですが、プロジェクトマネジメントにおいて大事な要素が会議体の設計です。会議体の設計は「どのような会議を、どんなメンバーが、どれくらいの頻度で開催するのか」を決定することです。

　プロジェクトの進捗状況の確認、進行における課題の理解・解消、目標やプロジェクトの状況についてメンバー間で共有するなど、その目的は様々です。都度、必要に応じて会議を設定し、議題に対して適切な参加メンバーを検討し、スケジュールを調整することも、プロジェクトの規模や体制によっては可能です。プロジェクトが大規模な場合やプロジェクトメンバーが多い場合は、そのような運営ではスケジュールが合わず、会議開催が遅れ、プロ

ジェクトが遅延します。そうしたことを防ぐには、毎週同じ曜日・時間帯で定例会議をスケジューリングするなど必要な会議を事前に設定しましょう。図2.4.7でよくある会議体について、簡単に解説しています。

図2.4.7 | よくある会議体の概要

定例会議

目的：プロジェクトの進捗確認、課題管理表の議題について議論
参加者：プロジェクトメンバーと議題に関連するプロジェクト関係者
開催頻度：週1回や隔週に1回
期限：プロジェクトが終了するまで継続して実施

分科会

目的：定例会で解消しきれない議題について議論
参加者：議題に関連するプロジェクトメンバーと関係者
開催頻度：週1回や隔週に1回、必要に応じて調整
期限：議題について意思決定や課題の解決が完了したら終了
※プロジェクト初期の要求定義・要件定義フェーズで情報収集をクイックに完了させる、データエンジニアリングのために、データのテーブル構造の議論をする、ダッシュボードのデザインの提案など、分科会のほうが会議運営をしやすい議題であると感じたときは、分科会開催を検討

ステアリングコミッティ会議

目的：経営層などに対するプロジェクト報告、相談
参加者：プロジェクトメンバーと経営層やプロジェクトオーナー
開催頻度：月1回や四半期に1回
期限：プロジェクトが終了するまで継続して実施

四半期ビジネスレビュー

目的：プロジェクト成果報告、次の四半期の計画共有
参加者：プロジェクトメンバーと経営層やプロジェクトオーナー
開催頻度：四半期に1回
期限：プロジェクトが終了するまで継続して実施
※ダッシュボード構築に限らず、組織のデータ活用に関するプロジェクトでは、データベースのサーバー費用やBIツールのライセンス費用など、それなりの費用を投資することが常です。そのため、経営層のプロジェクト承認を得ることはプロジェクト継続にあたり重要な要素の一つ

第2章 ダッシュボード構築プロジェクトの全体像

BIツール選定の視点

ここでは導入するBIツールを選定するための主要な評価軸（図2.4.8）と、評価軸の一つである「機能性」の評価項目（図2.4.9）を紹介します。これらを参考に、BIツールを選定してください。

図2.4.8 | 主な評価軸

評価軸	概要
機能性	• 設計したダッシュボードを実現するための十分な機能を有しているか
コスト	• 現状の予算にコストがマッチしているか • 将来利用拡大したときの想定コストを担保できるか
学習のしやすさ	• 学習資料の豊富さやユーザーコミュニティの規模など、自主学習しやすいか
自社のIT環境との相性やスケーラビリティ	• 利用拡大した際、自社管理のサーバー環境へ移行できるか • 多数のユーザーの利用権限を簡易に管理する機能を提供しているか

図2.4.9 | 機能性の評価項目

評価項目	概要
データ接続	• 自社が使用しているデータベースやサービスに接続できるか
データ前処理	• 接続したデータの加工を行う機能は十分か（数値計算・値の条件判定・カラムの追加・テーブル構造の変形など）
データ可視化	• 作成したいチャート形式をサポートしているか • チャートの色、テキストの書式、罫線のスタイルなどを細かく変更できるか
ダッシュボードデザイン	• チャート配置、見出し追加、余白調整、背景色などを柔軟に変更できるか
高度な計算処理	• チャート描画時に自由度の高い数値計算処理ができるか（特定条件を満たすレコードの分類や任意の粒度での数値計算など）
インタラクティブ機能	• ユーザーの操作によって動的に返答する機能をサポートしているか（フィルター機能、描画するチャートの切り替え、任意のデータの詳細表示など）

基本的に多機能なBIツールであるほどコストが上昇し、使いこなすための学習時間も増加します。各社が公開している機能一覧をそのまま比較するのではなく、何がどこまで実現できれば十分と言えるのか、ダッシュボード設計・デザイン・データ準備の視点からBIツールに求める要件を整理して比較するようにしましょう。

第3章

ダッシュボードの
要求定義・要件定義

3

3.1

ダッシュボードの
要求定義・要件定義の概要

この章で説明すること

　第2章ではダッシュボード構築プロジェクトの全体像、プロジェクトを推進するために必要な体制・スキル、進め方について解説しました。この第3章ではダッシュボード構築プロジェクト（図3.1.1）の一つ目のプロセスにあたる「要求定義」と「要件定義」について、次の3点を解説します。

　　① ダッシュボードの要求定義・要件定義の概要
　　② ダッシュボードの要求定義のプロセス
　　③ ダッシュボードの要件定義のプロセス

　要求定義や要件定義は、一般的にダッシュボードに限った取り組みではありません。本書では、ダッシュボード構築プロジェクトにおいて、私たちのチームが行っている要求定義や要件定義について紹介します。

図3.1.1 | ダッシュボード構築プロジェクトの全体像

要求定義・
要件定義 → ダッシュ
ボード
設計 → データ準備 → ダッシュ
ボード
構築 → 運用・
レビュー・
サポート

この章で扱う
フェーズ

ダッシュボード構築における要求定義の概要

要求定義を一言で表すと、「**ビジネス担当者（＝ダッシュボードのユーザー）を対象に、ダッシュボードで実現したいことを整理し、具体化すること**」です。

ビジネス課題を解決するために、皆さんは日々データを分析したり、施策を検討・実行したりしていると思います。その業務の中で抱えているビジネス課題を整理し、そのビジネス課題に対して、ダッシュボードで何を実現したいのかを要求定義で明確にします（図3.1.2）。

ビジネス課題を整理する際は、自社・競合・顧客の状況やビジネス課題に対するこれまでの取り組みや今後の計画についても理解しておきましょう。これらを整理することで、解決すべき課題が明確になります。その明確になった課題をダッシュボードで解決できるのかを議論し、ダッシュボード構築の工数を割いて解決する価値があるかを吟味します。

要求定義では、ダッシュボードによって観測・改善するKGIやKPI（売上や購入者数など）を決めます。KGI・KPIを決めることで、ダッシュボード上で改善効果を可視化できるため、施策の成果を適切に評価できます。

要求定義は、ダッシュボードの価値を左右する重要な要素です。要求定義の失敗は、後々まで大きく影響しますので、じっくりと時間をかけて内容を吟味し、関係者全員の合意を得ながら進めましょう。

図3.1.2｜ダッシュボードの要求定義

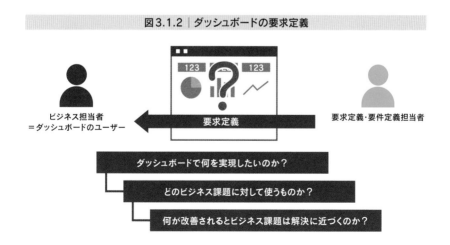

ビジネス担当者
＝ダッシュボードのユーザー

要求定義

要求定義・要件定義担当者

ダッシュボードで何を実現したいのか？

どのビジネス課題に対して使うものか？

何が改善されるとビジネス課題は解決に近づくのか？

ダッシュボード構築における要件定義の概要

要件定義を一言で表すと、**「ダッシュボード構築者を対象にダッシュボードを構築する上で必要なことを具体化し、整理すること」**です。

要求定義で決めた「ダッシュボードを使って取り組む課題」に対して、ダッシュボード上でどのようなデータをどのように可視化すれば課題に取り組めるのか（＝要求を満たせるのか）を整理します（図3.1.3）。

具体的には、KGI・KPIといった指標、地域別・商品別といった指標を見る切り口（地域別の売上、商品別の購入者数などどんな分け方で数値を見るか）など、ダッシュボードに取り入れるべき要素を整理します。

ダッシュボードに必要な要素を判断するための、前提情報の整理も行います。誰が、どんな目的で、いつ（どのような業務プロセス上で）そのダッシュボードを使うのかという、想定ユースケースの整理です。

要件定義は、ダッシュボードをどのように構築するかの指針となるだけでなく、どのように使ってもらうのかを決める重要な意思決定です。要件をビジネス担当者（＝ダッシュボードのユーザー）の利用シーンに合わせて整理することが、構築後のダッシュボードの活用度合いに大きく影響します。

図3.1.3 ｜ ダッシュボードの要件定義

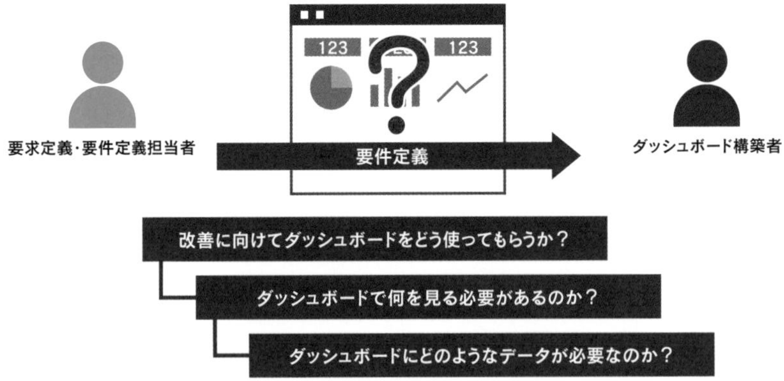

要求定義・要件定義担当者　　　　要件定義　　　　ダッシュボード構築者

改善に向けてダッシュボードをどう使ってもらうか？

ダッシュボードで何を見る必要があるのか？

ダッシュボードにどのようなデータが必要なのか？

　本章では以降、ダッシュボードの要求定義と要件定義について、それぞれどんなプロセスがあり、どのようなことをするのかを解説します。

　要求定義で「ダッシュボードを使って、どのようなビジネス課題に取り組むのか」を決め、要件定義で「ダッシュボードをどのように使ってもらうのか、そのためにこのダッシュボードに何が必要なのか」を決めます（図3.1.4）。

図3.1.4 ｜ 要求定義と要件定義の関係

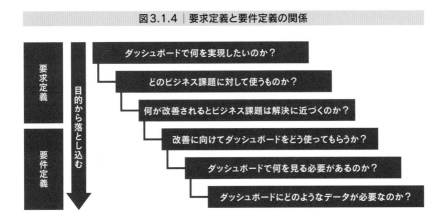

　ビジネス課題に対して、どのようなことがわかるとアクションを起こせるのか。知りたいことを知るにはどのようなデータをどのような視点で見る必要があるのか。**ビジネス課題から必要なデータへ落とし込むアプローチで要求定義・要件定義を行います。**

3.2

ダッシュボードの
要求定義のプロセス

要求定義の全体像

　ここからは、ダッシュボードの要求定義について、どのようなプロセスがあり、私たちのチームがどのようなことを行っているのかを紹介します。

　図3.2.1に要求定義の全体像を示します。

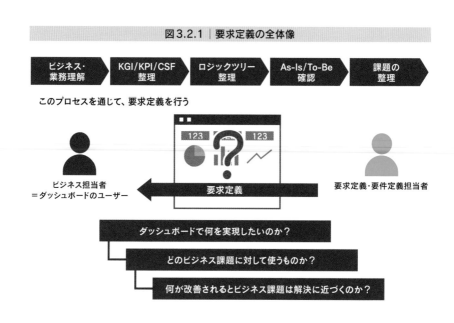

図3.2.1 ｜ 要求定義の全体像

ビジネス・業務理解

　3.1で述べた通り、要求定義とは「ビジネス担当者（＝ダッシュボードのユーザー）を対象に、ダッシュボードで実現したいことを整理し、具体化すること」です。ビジネス担当者の業務の中でダッシュボードが使われる場面を想定するため、あらかじめビジネス担当者の業務を把握しておく必要があります。

　業務の背景には、取り組むべきビジネス課題が存在します。ビジネス課題は自社だけでなく、競合や顧客との関係の中に存在します。そのため、要求定義では業務だけでなくビジネス自体への理解も必要です。

　私たちのチームの場合は、ヒアリングやディスカッションを通して整理します。「そもそも何を理解し、何を整理しておくことが必要か」という視点で説明します。図3.2.2の他にも企業や担当部署、ダッシュボードのテーマといった視点で整理しますが、ここでは主な要素に絞って説明します。3CやPEST、SWOTなど、主要なフレームワークを用いて整理するとよいでしょう。

図3.2.2 | ビジネス・業務の情報整理

ビジネス理解

市場理解	自社	自社商品のシェアや強み・弱みなど
	競合	競合商品のシェアや強み・弱みなど
	顧客	市場や顧客のニーズ、市場規模・成長率など
外部要因	政治的要因	法規制、税制、外国の動きなどによる影響
	経済的要因	物価、GDP、金利、為替、株価などによる影響
	社会的要因	人口動態、価値観、流行などによる影響
	技術的要因	新技術の研究開発、特許化、応用商品などによる影響

業務理解

担当部署	ダッシュボードを使用する部署 ※複数存在する場合はそれぞれ整理	
担当商品・サービス	ダッシュボードでモニタリングや分析をしたい商品・サービス	
目標	KGI	一般的には売上や利益などビジネスの最重要目標
	KPI	CSFの具体的定量目標 （商品名検索流入数○万件、商品詳細ページ閲覧率○％など）
	CSF	KGIを達成するために必要な成功要因 （商品の認知率を上げる、購入単価を上げるなど）
	その他指標	KPI以外に注視している指標
取り組み・施策	目標のために取り組んでいることや具体的な施策 結果や課題などわかっている内容を整理 また、今後取り組みを検討しているものも整理	
留意点	管轄外のためすぐに取り組むには調整が必要なこと 例：TVCMやWeb広告の出稿は可能だが、SNSは別部門管轄のため調整が必要 法規制や社会情勢の問題で対応が難しいこと 例：薬機法によって伝えられない内容、部品の供給不足による納品遅延 　　など	

ダッシュボード構築者がビジネス担当者（ダッシュボードのユーザーでもあり、施策検討・実行者でもある）の場合もあるでしょう。その場合はビジネスも業務も日頃からご自身が向き合っているものなので、すでに理解して整理が済んでいるものとし、このプロセスを省くことも可能です。

　しかし、ダッシュボードを構築するにあたり、改めて情報を整理することで気づきがあったり、重要なことを再認識できたりするかもしれません。参考になるものがあるなら、ぜひ、取り組んでください。

● 対象ビジネスの理解

　業務理解の前の基礎知識として、まずはダッシュボード構築の対象となるビジネスを把握していないといけません。目の前の業務や課題だけではなく、視座を上げて部署や会社における利益構造や目標の理解が必要です。もちろん、自社だけでなく、競合や顧客についても理解しておくことが望ましいです。全体を俯瞰することで、目の前の業務で本当に取り組むべき課題が何かを浮き彫りにできます。

● 対象業務の理解

　実際にビジネス担当者（＝ダッシュボードのユーザー）が日々の業務でどのような取り組みをしているのかを把握する必要があります。特に、ダッシュボードが介在する可能性のある業務範囲は具体化しておかなくてはいけません。

　業務を理解する主な理由は二つあります。

①ダッシュボードの活用用途が明確になる
②実現性のあるアクションが明確になる

　一つ目の理由として、業務を理解すると構築後のダッシュボードがどのように使われるのかが明確になります。要件定義にも関わることですが、どのようなダッシュボードを構築するとビジネス担当者が活用しやすいのかが見えてきます。

　二つ目の理由として、日々の業務における取り組みについてできることとできないことが明確になる、というのがあります。ダッシュボードで何かが

わかったとしても、アクションに繋がらなければ、「ただわかっただけ」です。

使われるダッシュボード、アクションに繋がるダッシュボードにするためにビジネスや業務に寄り添った設計・構築をしましょう。

KGI・KPI・CSFの整理

ダッシュボードの要求定義で最も重要なプロセスがKGI・KPI・CSFの整理です。

- KGI (Key Goal Indicator)：重要目標達成指標
- KPI (Key Performance Indicator)：重要業績評価指標
- CSF (Critical Success Factor)：重要成功要因

それぞれの指標の詳細や考え方については、他の書籍を参照いただければと思います。本書ではそれぞれの概要とダッシュボード構築において、私たちのチームが取り組んでいることを簡単に紹介します。まずは用語を解説します。

● ビジネスゴールであるKGIの把握

KGIとはKey Goal Indicatorの頭文字を取ったもので、日本語では重要目標達成指標と言います。つまり、企業や部署が目指すビジネスの最重要な定量的目標のことです。一般的には売上や利益、利益率などを設定することが多いです。

KGIはビジネスゴールであるため、様々な「過程」によって得られる「結果」として評価されます。「過程」として目指す指標が次に説明するKPIです。

● KGIのためのKPIの整理

KPIとはKey Performance Indicatorの頭文字を取ったもので、日本語では重要業績評価指標と言います。例えば自動車の場合、売上や成約といったKGI＝結果に対して、商談数やWebサイトの訪問者数といったものがKPI＝過程です。

KPIを達成することでKGIが達成されるという関係なので、KPIを目標に業

務に取り組みます。つまり、KPIが正しく設計されていないと目指すべき方向へ進むことができません。

　ビジネスの現状理解やアクションに繋がる意思決定のためにダッシュボードを活用します。そのため、ダッシュボードで「どの指標を可視化するか」を決める際は、KGIやKPIを軸に議論します。ビジネスの成功の定義をダッシュボードの関係者が共通で認識し、その成功要因となる指標や達成基準を明確にすることが、ダッシュボード構築の第一歩です。

● KPI設計に必要なCSFの把握

　CSFとはCritical Success Factorの頭文字を取ったもので、日本語では重要成功要因と言います。CSFは、KGIとなる目標を達成するために重要な影響を及ぼす要因を表します。そのため、目標達成のために何が必要なのか、CSFを洗い出して設定します。

　CSFはKPIと混同されがちな指標ですが、CSFを細分化して定量化したものがKPIという関係にあります。そのためKGI達成のために適切にCSFを整

図3.2.3 | KGI、KPI、CSFを整理

例：アパレル・ECサイト部門

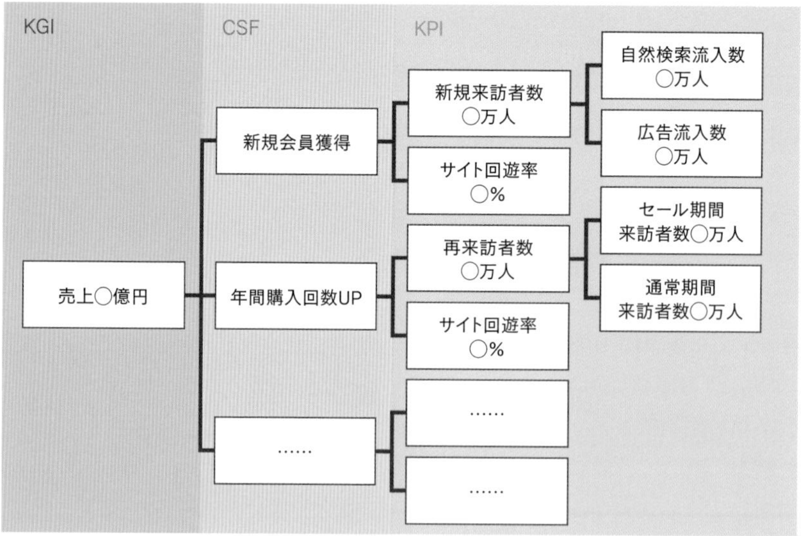

理することが、正しいKPI設計の第一歩です（図3.2.3）。

　CSF、KPIともに、ビジネス担当者（ダッシュボードのユーザー）がコントロールできるものを選択する必要があります。例えば、購入者数、購入率、ブランド好意度、サイト訪問者数などは施策によって動かすことが可能＝コントロールできるものです。一方、日本のGDP、市場規模、人口などはコントロールが不可能なものです。CSFを選択する際は、施策で影響を与えることができるものかを基準に判断することが大切です。

ロジックツリー整理

　KGIで目標の設定が終わると、次にその目標達成に必要なプロセスを整理します。目標達成までのプロセスを整理するために一般的に使われるのがロジックツリーです。ロジックツリーとは、物事を分解し、網羅的に整理するフレームワークです。

　ロジックツリーには目的に応じていくつかの種類があり、ダッシュボードプロジェクトにおいては次の四つを使い分けます。

- Whatツリー：構造・要素を分解
- Whyツリー：原因の特定
- Howツリー：問題解決策の立案
- KPIツリー：KGIとKPIの関係を整理

　図3.2.4にKPIツリーを例示します。図のように目標を四則演算可能な指標にブレイクダウンして樹形図に整理していきます。この分解した指標こそがKPIです。KPI間は因果関係があるものを設定します。漏れやダブりのないよう整理します。

　なお、図3.2.4をさらに分けることもできますが、ここでは例として抜粋して掲載しています。

図3.2.4 | KPIツリー

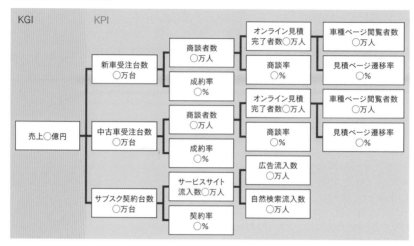

例：自動車・事業企画部門

KPIツリー以外の三つのツリーは、ビジネス課題の整理や解決策の整理、ダッシュボードを利用した分析結果を整理する際に用います。各ツリーの特徴は、フレームワークや問題解決の書籍を参考にしてください。

As-Is/To-Be確認

ここまでKGI、KPI、CSFやKPIツリーについて解説をしてきましたが、指標や要因を置くことがゴールではありません。データドリブンな取り組みは現状の理解と目標・解決策の設定、実行、振り返り、改善と進めていくことが必要です。その一歩目として必要なのが、現状と目標の整理です。一般的にはAs-Is/To-Be分析と呼ぶ工程です（図3.2.5）。

では、As-Is/To-Beとは何でしょうか。As-Isとは現在の状態のことを意味します。整理した指標に現状の数値を当てはめてビジネス状況を可視化します。現状を正しく可視化することが、正しい意思決定の土台になります。

To-Beは、理想的な状態のことを意味します。ここで言う理想とは、目標達成のことです。このTo-Beを整理してAs-Isと比較することで、目標と現状のギャップが浮き彫りになります。結果、そのギャップをどのようにして埋め

ていけばよいのかといった方向性が明確になり、次に打つべき施策の方針が見えてきます。このギャップの状況を常に可視化し、改善状況を把握することがダッシュボードを利用する大きな目的の一つになります。

図3.2.5 | As-Is/To-Be確認

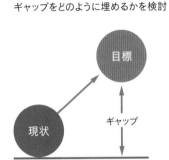

ギャップをどのように埋めるかを検討

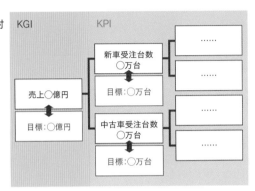

● As-Is/To-Be分析のタイミング

　この工程は要求定義の段階で行うこともあれば、ダッシュボードの構築後や利用時に行うこともあります。

　ダッシュボードの構築前に行えば、ギャップを知り、課題を明確にし、ダッシュボードに反映することが可能です。また、目標値の設定も見直すことができるでしょう。一方で分析を工程として挟むことになるため、時間をその分だけ要します。

　構築後や利用時に行う場合は、As-Is/To-Beの確認より先にKGIやKPIをダッシュボードに落とし込むのでクイックに現状確認が可能です。一方でダッシュボードを作ってからギャップや課題を知ることになるので、ダッシュボードの修正が発生するかもしれません。

　KGIやKPIをすでに分析しているかどうか、プロジェクトの優先順位などを考慮し、どのタイミングで行うか判断してください。

　ダッシュボード構築を優先する場合は、KGI・KPIをモニタリングするダッシュボードだけを先に作り、As-Is/To-Beを確認してから詳細を分析するためのダッシュボードを検討するなど、ステップを分けることをおすすめします。

要求定義の段階でAs-Is/To-Beの確認を行う理由は、次の2点です。

- 構築するダッシュボードがカバーするビジネス課題の決定
- 構築するダッシュボードの優先順位付け

　カバーするビジネス課題が多いほど、ダッシュボードに盛り込む要素も増えます。ダッシュボードでは完結せず、さらに分析を要することも多くありますが、「さらに分析する」という判断も含め、次のアクションに繋げられるダッシュボードが「使われるダッシュボード」だと思います。

　アクション＝日々の業務は全てビジネス課題のために行うことです。そのため、ダッシュボードがどのビジネス課題のためのものかを決めることが必要です。

　また、たくさんある課題全てを同時に取り組むことは難しいため、優先順位付けが重要です。そのため、要求定義の段階でAs-Is/To-Beを整理できることが望ましいです。

　そして、以降で紹介しますが、課題の整理も要求定義の段階で行えるとよりよいでしょう。

課題の整理

　ロジックツリーで整理した指標に対してAs-Is/To-Beで現状と目標のギャップが明確になったら、次に課題の整理を行います。課題の整理は次の三つのステップで行います。

- ① 課題の定義
- ② 課題の構造化
- ③ 課題の優先順位付け

　As-Is/To-Beの確認と同様に、課題の整理も要求定義の時点で行う場合もあれば、ダッシュボード構築後の利用時に行う場合もあります。状況に応じてご判断ください。

　ただし、ダッシュボードで取り組む課題は、ダッシュボード構築前に決め

る必要があります。抱えているビジネス課題やその課題に繋がる要因は、整理しておきましょう。

● 課題の定義

　データが正確であったとしても、そのデータの活用方法が正確でない場合はビジネス目標の達成に近づけないことがあります。目標を達成するために取り組むべき課題が何かを明確にする必要があります。課題を正しく定義するために、ロジックツリーで整理された指標に対して、目標と現状のギャップを明らかにし、そのギャップを課題と定義します。次にその課題の根本的要因は何かを定義する必要があります（図3.2.6）。

　例えば、ECサイトでの売上が目標と現状でギャップが生じている場合、売上の改善を課題と定義します。しかし、このままでは売上の改善に必要な要因がわからないため、次に課題の要因を定義します。売上の改善の要因となる会員数やリピート購入率、顧客単価、新規率などに問題がないかを分析し、どの指標を改善することが課題の解決に繋がるかを定義します。

　このように課題の定義を行うことで、課題の本質を理解して、的確なアクションへと繋げることができます。

図3.2.6 ｜ 課題の定義

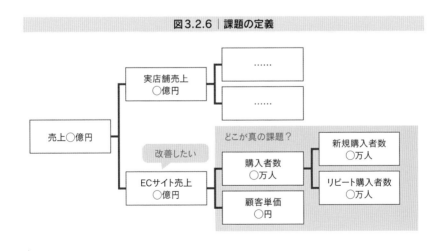

● 課題の構造化

　次に課題を構造で整理します。構造化することで課題の全体像と本質を整理でき、効果的な改善施策にも繋がります。また、各課題との被りがないかを確認することが可能になるのも、構造で整理することのメリットです。

　前述した課題を定義するプロセスにおいても、なぜ課題が生じているのかという疑問をぶつけながら深掘りし、構造化することで、課題の全体像と要因を把握することが可能です。WhatツリーやWhyツリーといったロジックツリーや、6W2H（Who, Whom, What, Why, Where, When, How, How much の中から適したもの）を用いて整理することが多いです。

　図3.2.7に示す例で見てみましょう。例えば新規サイト来訪者数が不足していることについては、広告が課題なのか、自然検索が課題なのかなどの詳細を確認します。キャンペーン商品の売上が目標に達していないことについては、商品閲覧数や閲覧しても買わなかった顧客などを確認します。そうすることで、課題についての詳細構造の把握と具体的な解決策の検討が可能になります。

図3.2.7 ｜ 課題の構造化

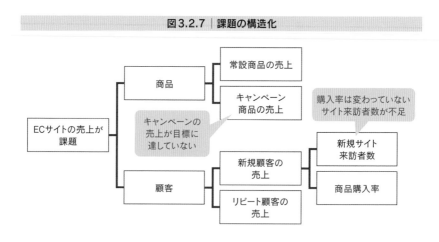

● 課題の優先順位付け

　課題を定義して整理が終わると、多くの取り組むべき課題が目の前に並んでいると思います。日々の業務で忙しい中、皆さんが一度に全ての課題に取り組むことは非常に難しいことと思います。そこで必要なのが、取り組むべき課題に優先順位を付けることです。

　一般的に優先順位付けの判断軸として使われるのは、次の三つです。

- 改善によるビジネスインパクトの大きさ
- 改善に着手するためのコストの大きさ
- 改善すべき課題の緊急度の高さ

　実際に課題を解決した際にKGIやKPIに対して効果が大きいかどうか、規模や効率を試算します。効果が大きいものから優先順位を高くすることで取り組んだ結果、意味があまりなかったというような無駄打ちを減らすことができます。

　改善に着手するコストの大きさでは、改善施策を打つために様々な関係者の巻き込みやツールの導入など、実施障壁が高ければ高いほどコストや工数がかさみ、結果として実行が遅れてしまうケースも多々見られます。

　改善の成果を早急に求められるような緊急度合いの高い課題も、組織によっては優先順位を高めておく必要があります。

　全ての課題に様々な軸で優先順位を付ける作業は、非常に重要なステップです。しっかりと時間を取って行うことが、ダッシュボード構築成功への近道です。

ダッシュボードが不向きなケース

　要求定義を行うことで、課題を解決するために可視化したい指標が明確になります。その中でよくあるのが、「ダッシュボードにせずとも、アドホック分析（特定の目的に合わせた、部分的かつ一時的な分析）で事足りるのではないか」というものです。

　ダッシュボードではなくアドホック分析を行ったほうがよいケースとは、どのようなものでしょうか。

● **改善施策を実行するまでの時間が短いケース**

　ダッシュボード構築には多くの工数が必要です。実際に可視化を行い、運用に至るまでにそれなりの期間を要するケースがほとんどです。そのため、即座に課題を発見して改善策を検討し、実行に移すことは困難です。

　課題の解決が急務な場合や、早急に成果を出さなければいけない場合は、ダッシュボード構築ではなく、要求定義で整理された指標をベースに現状の課題をアドホックで分析するほうが適しています。

● **カスタマイズを要するケース**

　ダッシュボードは構築後、テストや運用を経て改善をしますが、頻繁に改修することは想定していません。そのため、個別の分析目的のために指標や切り口（比較軸や期間など）を独自に設定してデータを見たいという場合は、ダッシュボードは不向きです。定型化できてからダッシュボード化することが望ましいです。

　他にも**ダッシュボードの特性や構築に要する工数と照らし合わせて、アドホック分析を選択するケースはあります。構築の前にダッシュボードを構築する必要があるのか、一度振り返ることをおすすめします。**

3.3

ダッシュボードの要件定義のプロセス

要件定義の全体像

要件定義とは、「ダッシュボード構築者を対象にダッシュボードを構築する上で必要なことを具体化し、整理すること」です。要求定義で決めた「ダッシュボードを使って取り組む課題」に対して、ダッシュボード上でどのようなデータをどのように可視化すれば課題に取り組めるのか（＝要求を満たせるのか）を整理します。

ここからはダッシュボードの要件定義について、どのようなプロセスがあり、私たちのチームがどのようなことを行っているのかを紹介します（図3.3.1）。

図3.3.1 | 要件定義の全体像

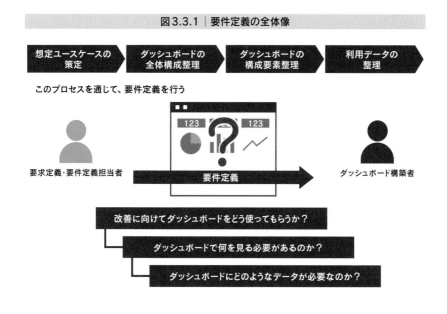

第3章 ダッシュボードの要求定義・要件定義

想定ユースケースの策定

　要件定義を進めるためには、まず想定ユースケースを策定する必要があります（図3.3.2）。具体的には次のような項目を整理していきます。

- ダッシュボードを使う人は誰か
- 何のためにダッシュボードを使うか
- ダッシュボードを見る頻度はどのくらいか
- どのような情報を知りたいか
- その情報を知ってどのようなアクションを想定しているか

　これらの項目を整理することで、どのようなダッシュボードが必要とされているかを把握でき、ダッシュボードの方向が定まります。

　例えば、経営層が使うダッシュボードと現場の担当者が使うダッシュボードでは可視化する領域が異なりますし、見るデータの粒度も頻度も大きく異なります。

　経営層であれば、月次か週次でのKGIやKPIに対する大まかな達成状況レベルで十分なこともあります。その場合、必要最低限の情報を短時間かつ簡潔に得られるダッシュボードを構築することが多いです。

　現場の担当者であれば、週次や日次の頻度でKGIやKPIといった指標を細かな粒度で確認します。広告ごとのクリック率や獲得効率、メルマガの開封率やシナリオのフェーズ進捗、CMの効果検証などの情報から施策の実施・改善の意思決定が必要で、業務内容に紐づくレベルでの情報が得られるダッシュボードを構築することが多いです。

　必要な条件は職位や仕事の領域、個人の能力に応じて変わりますので、**ダッシュボードを使う人と綿密なすり合わせを行うことを強くおすすめします。**

図3.3.2 | 想定ユースケースの策定

ダッシュボード利用ユーザー名 （複数の場合は複数名明記）	○○ ○○○○	D.ユーザーのダッシュボード利用目的 どんな情報を知りたいのか
所属組織 （パートナー企業の場合は企業名）	○○○○部 ○○○○○○ユニット	D-1 □□□□□□□□□□□□□□□□ (A-1：B-1, B-2) D-2 □□□□□□□□□□□□□□□□ (A-2：B-3)

A.所属組織の責任範囲・役割

A-1 □□□□□□□□□□□□
A-2 □□□□□□□□□□□□

E.所属組織のKGI/KPI
（ビジネス上の役割との対応を明記）

E-1 □□□□ (A-1)
E-2 □□□□ (A-1, A-2)
E-3 □□□□ (A-2)

B.ユーザーの担当業務領域

A-1に含まれる業務
B-1 □□□□□□□□□□□□□□
B-2 □□□□□□□□□□□□□□

A-2に含まれる業務
B-3 □□□□□□□□□□□□□□

F.ユーザーがモニタリングしているKPI
（担当業務領域・意思決定内容との対応を明記）

F-1 □□□□ (B-1：C-1, C-2)   F-5 □□□□ (B-3：C-4, C-5)
F-2 □□□□ (B-1：C-2)   F-6 □□□□ (B-3：C-6)
F-3 □□□□ (B-2：C-3)   F-7 □□□□ (B-2, B-3：C-3, C-6)
F-4 □□□□ (B-2：C-3)

C. 業務上の意思決定内容＝ダッシュボードからの想定アクション

B-1に対応する意思決定例   B-3に対応する意思決定例
C-1 □□□□□□□□□□□   C-4 □□□□□□□□□□□
C-2 □□□□□□□□□□□   C-5 □□□□□□□□□□□
B-2に対応する意思決定例   C-6 □□□□□□□□□□□
C-3 □□□□□□□□□□□

G.想定されるダッシュボード利用シーン
（閲覧頻度・1回の閲覧時間・閲覧場所・閲覧デバイス 等）

G-1 シーン：□□□□□□□□□□□□□ (D-1)
閲覧頻度 ○回/週、1回の閲覧時間 ○○分、閲覧場所 ○○○○○○、閲覧デバイス ○○
G-2 シーン：□□□□□□□□□□□□□ (D-2)
閲覧頻度 ○回/週、1回の閲覧時間 ○○分、閲覧場所 ○○○○○○、閲覧デバイス ○○

具体的なアクションを想定

　ダッシュボードを有効活用するために、可視化されたデータや分析から得た示唆を具体的にどのようなアクションに繋げるかを整理する必要があります。

　具体的なアクションのイメージを持つことで、見るべき指標や行うべき分析が明確になります。例えば、ECサイトで既存顧客からの売上を改善するという課題に対して、メルマガでアプローチを行うというアクションイメージを持つとします。その場合は、既存顧客の属性を分析したり、メルマガのパフォーマンスデータ（開封率やクリック率など）を可視化したりすると、見るべき項目が自ずと浮き彫りになります。

ダッシュボードの全体構成整理

　ダッシュボードの想定ユースケースが整理されると、自ずとダッシュボードの構成が見えてきます。使う人と用途に合わせてダッシュボードを用意します。次のような構成で整理することが多いです（図3.3.3）。

- 全体サマリーダッシュボード
  - ✓ KGI/KPIが可視化されたエグゼクティブサマリー
- テーマ別ダッシュボード
  - ✓ 各テーマのKPIサマリー
  - ✓ 各テーマに紐づく主要な分析結果
- 詳細分析ダッシュボード
  - ✓ 各施策やサービス利用者の詳細分析結果

図3.3.3 | ダッシュボードの全体構成整理

例：アパレル・経営企画部門

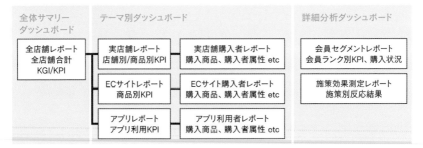

● 全体サマリーダッシュボード

　経営層向けのダッシュボードのような、複数のKGIやKPIをモニタリングするためのダッシュボードのことを全体サマリーダッシュボードと呼びます。図3.3.4はその一例です。

　全体サマリーダッシュボードは短時間で、複数事業のビジネス状況を把握するのに非常に便利です。一方、現場の担当者視点では、このダッシュボードだけで業務の意思決定ができません。テーマ別ダッシュボードのほうが望ましいです。そのため、ダッシュボードの目的や要件に合わせて、構築すべきかどうか判断しましょう。

図3.3.4 | 全体サマリーダッシュボード

● テーマ別ダッシュボード

　ダッシュボードを使う人の業務領域に合わせて、担当業務のビジネス状況を把握するためのダッシュボードです。

　ダッシュボードを使う人の要求を一つのダッシュボードで応えようとすると、ダッシュボードのサイズが非常に大きくなり、利便性が悪くなりがちです。そのため、図3.3.5のようにいくつかの要求に分けてダッシュボードを用

意することで、求められている情報量に応えながらも利便性を担保できます。

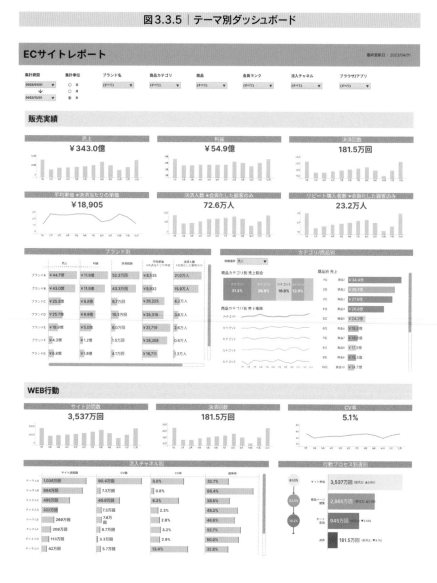

図3.3.5 ｜ テーマ別ダッシュボード

● 詳細分析ダッシュボード

　テーマ別ダッシュボードに載せると情報量が多くなり過ぎるダッシュボードや、非常に細かい粒度での分析を実現するダッシュボードが詳細分析ダッシュボードです。図3.3.6はその一例です。

　詳細分析ダッシュボードはテーマ別ダッシュボードの分析を補助するものです。そのため、テーマ別ダッシュボードの分析で十分な場合は、構築しないこともあります。

図3.3.6 | 詳細分析ダッシュボード

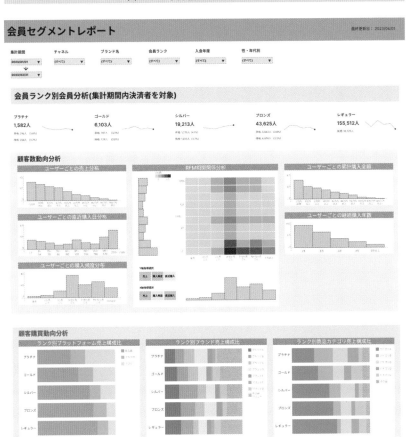

初めから詳細分析ダッシュボードありきで設計するというよりも、次のような場合に、詳細分析ダッシュボードとして分析要件を切り出して構築を検討することが多いです。

- ダッシュボードの分析要件を設計したときに、テーマ別ダッシュボードには収まらないほどの分析要件がある場合
- 同じダッシュボードに載せると使いづらくなる場合
- 分析を実現させることでダッシュボードのパフォーマンスが落ちる場合

　ダッシュボードの全体構成としてよくある形は、「全体サマリーダッシュボード一つに対して複数のテーマ別ダッシュボード」「テーマ別ダッシュボード一つに対して複数の詳細分析ダッシュボード」といったものです。全体ダッシュボードから情報がより詳細なものになるにつれて複数のダッシュボードへと枝分かれする構成をとります。

　全体構成を枝分かれ状にすることで「全体感をつかむ分析から詳細を確認する分析」へ自然と誘導でき、データによって状況を把握しながら徐々に分析の粒度を細かくしていく、ドリルダウン的な分析体験を提供できます。

● ダッシュボード要件整理票
　私たちのチームの場合は、ダッシュボードの全体構成を設計するにあたり、各ダッシュボードについて詳細な情報を整理したものを用意します。これをダッシュボード要件整理票と呼んでいます。

　ダッシュボードごとに、目的や想定利用ユーザーといったユースケースに加え、主なデータソースやKGI/KPIを整理します。一方でどのようなチャートにするか、指標の計算ロジックをどうするかなど、さらに詳細な情報は別途整理します（第4章で解説）。構築するダッシュボードの方向性を決めるにあたり図3.3.7のようにまとめておき、ダッシュボードのユーザーや構築者とコミュニケーションを取ると、認識のズレの解消やデータの準備が円滑に進みます。

図3.3.7｜ダッシュボード要件整理票

ダッシュボード名	目的	想定ユーザー	シート	データソース	KPI	...
EC ダッシュボード	KPI モニタリング	EC担当者全員	KPIサマリー	購入履歴 会員マスタ	売上	...
				購入履歴 会員マスタ	利益	...
				購入履歴 会員マスタ	決済回数	...
				購入履歴 会員マスタ	決済者数	...
			カテゴリ別売上	購入履歴 商品マスタ	売上	
	EC 訪問状況確認	EC担当者全員	EC訪問 KPI	アクセスログ	サイト訪問数	...
				...		
		広告担当者	流入チャネル別 KPI	購入履歴 アクセスログ	チャネル別訪問数	...
	⋮	⋮		⋮	⋮	⋮

テーマ別ダッシュボードの範囲の検討

　ダッシュボード全体構成設計において、テーマ別ダッシュボードをどのような構成にするかは、非常に悩ましい問題です。

　全体サマリーダッシュボードはKGIやKPIを俯瞰するためのものなので、一つであることが多いです。何をモニタリングするかを決めましょう。

　詳細分析ダッシュボードはテーマ別ダッシュボードでカバーしきれないものを詳細に分析するものであるため、個別の分析、目的ごとに分かれたシンプルな要件となります。

　対して、テーマ別ダッシュボードはテーマに対して複数のビジネス課題を想定し、その課題に合わせた分析要件（指標や切り口など）を組み合わせて設計するものであるため、分析要件の組み合わせの選択が重要であるとともに、その組み合わせは数多く存在します。

　ここからはテーマ別ダッシュボードを考えるヒントとして、次の二つの設計方針を解説します。

　①KPIツリーから整理する
　②実務において関係性の強いユーザー群で整理する

①KPIツリーから整理する

作成したKPIツリーからダッシュボードの構成を考える方法です。KPIツリーはビジネスゴールであるKGIを最上位として、KGIと関連する重要指標をKPI、KPIと関連のある指標をさらに下位のサブKPIといったように指標同士の主従関連を整理した図表になります（図3.3.8）。そのため、KPIツリーからダッシュボードの全体構成を考えることも有効な方法となります。

図3.3.8 | KPIツリーから整理

例:自動車・事業企画部門

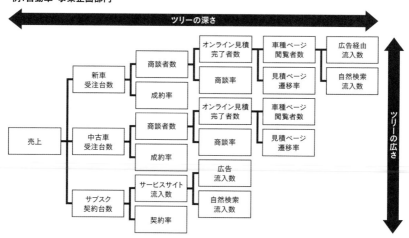

KPIツリーから構成を設計する場合のポイントは、一つ一つのダッシュボードがカバーするツリーの広さとツリーの深さをどこまで大きくするか、という点です。ツリーの広さを優先して指標を選択する場合は、カバーするツリーの深さは浅めにしたほうがうまくまとまります。

一方でツリーの広さを狭くして業務領域を限定的にする場合は、ツリーの深さがより深いところまでカバーするダッシュボードを検討するとよいでしょう。

②実務において関係性の強いユーザー群で整理する

共通のダッシュボードを利用することで、ユーザーやチームの間のコラボレーションを強化するというダッシュボードの価値の観点から設計を組み立

てる方法です。

　日常の業務において、共同で施策に取り組むことが多いチームや業務領域が近いチームを一つのユーザー群としてまとめ、ダッシュボードの要件を整理します。ユーザー群は、いくつかの組み合わせを考え、ユーザーの要望に合うものを選定します。

　例えば、ECサイトでの体験を改善することで商品の購入完了率を向上させるWeb改善チームと、Webサイトの訪問者数を増やすために広告施策を実施する広告運用チームは関係の強いチームです。この二つのチームを一つのユーザー群と想定し、ダッシュボードの要件をまとめます。

　また、Web改善チームは会員向けの情報発信や会員特典の付与によってブランドに対するロイヤリティを高め、優良顧客へと成長させることを目的とするCRMチームとも関係が強いでしょう。この場合、Web改善チームと広告運用チームのためのダッシュボートとは違うダッシュボードの要件が見えてきます。

　このように業務の関係からユーザー群を仮定することでダッシュボード要件を統合できます。

構築するダッシュボードの順番を決める

　ダッシュボードの構成を検討した後は、どのダッシュボードから構築するかの優先度を決めましょう。

　ダッシュボード全体構成で整理したダッシュボードの全てを一度に構築しようとすると、第4章と第5章で解説するダッシュボードの詳細設計、デザインや第6章で解説するデータマートのテーブル構造設計、データマート構築のためのデータパイプラインの実装など、ダッシュボード構築の作業量が膨大になります。

　私たちのチームが取り組んでいるダッシュボード構築プロジェクトでは、基本的にダッシュボード全体構成を整理したあと、いくつかの重要なダッシュボードの構築を短期目標にして着手します。

　優先度を決めるための方針は三つあります。プロジェクト状況や組織の文化に合うものを選択するとよいでしょう。

①全体包括的なダッシュボードの優先度を高く設定するケース
②ダッシュボードの重要度と難易度から設定するケース
③定常的かつ高頻度でアクションがあるものを優先するケース

● ①全体包括的なダッシュボードの優先度を高く設定するケース

前述した全体サマリーダッシュボードから優先して構築するという方針です。俯瞰的な視点でビジネスの状況を正しく把握すること、ダッシュボードによって組織横断的なデータコミュニケーションを可能にすることを重視する場合はこの方針がおすすめです。

● ②ダッシュボードの重要度と難易度から設定するケース

構築の優先度を重要度と難易度に分解し、各ダッシュボードを評価し、優先順位を付けます。

重要度は、ビジネスインパクトで測ります。例えば、売上貢献度が高いかどうかで評価します。

難易度は、ダッシュボードの構築のしやすさで評価します。要件が多いほど難易度は上がる傾向があります。また、データマート構築のためのデータ加工の処理の複雑さも難易度に影響を与えます。

● ③定常的かつ高頻度でアクションがあるものを優先するケース

高頻度で施策を実施するチームのダッシュボードほど優先して構築する方針です。例えば四半期に1回施策を実施するチームでは、データ分析から得た示唆を施策に反映する機会は1年に4回しかありませんが、毎週1回施策を実施するチームでは、1年に52回あります。ダッシュボードの価値を意思決定の機会の多さから考えた場合、毎週1回施策を実施するチームのためのダッシュボードの構築優先度がより高い評価となります。

ただし、前述の通りカスタマイズ性の強い要件の場合は、都度変更が加わるため、ダッシュボードが不向きです。この方針は定型化された分析を目的としたダッシュボードとして構築するケースに適しています。

ダッシュボードの構成要素整理

　ダッシュボードに用いる要素を整理します。可視化すべき項目は大きく次の三つに分類できます。

- KGI/KPI項目
- 属性項目
- 行動項目

　どのように選び、設定するかの考え方は、第4章で解説します。ここではそれぞれの要素について解説します。

● KGI/KPI項目

　要求定義で整理したKGIやKPIの指標が該当します。具体的には売上や顧客数などビジネスのKGIに該当する項目や、購入率や顧客単価のようなKPIに該当する項目です。他にもKPIとして、施策の成果数や購買ファネルなどで分類された顧客数など、ビジネスや皆さんの担当領域に応じて、KPIとして見るべき指標があります。KPIツリーを整理した上で、どの指標までダッシュボードで見るかを決めましょう。

● 属性項目

　顧客の属性データが該当します。デモグラフィック情報（性別や年齢、家族構成など）やサイコグラフィック情報（ライフスタイルや趣味、価値観など）です。顧客の属性を可視化するために必要な項目を整理します。主に、セグメンテーション（ライフステージや居住エリアなど）や顧客理解のために活用します。顧客・会員情報を取得している場合は、この項目を用いることが可能です。

● 行動項目

　購買データやWeb閲覧データなどのトランザクションデータや施策指標（広告やメルマガの反応、キャンペーンの反応、来店・商談履歴など）が該当します。主にセグメンテーション（RFMやリピート購入者など）や施策の運用

で細かい改善を行うために使うことが多い項目です。

見るべき指標と分析の切り口の整理

　KGI/KPIといった見るべき指標について、どの指標まで見るべきかを決める必要があります。全体サマリーダッシュボード、テーマ別ダッシュボード、詳細分析ダッシュボードといったダッシュボードの種類によって見るべき範囲の広さや深さは変わります。

　また、指標だけでなく、どのような分析の切り口からデータを可視化したいのかを決める必要があります。KPIだけでも次のように様々な切り口があります。

- 時系列で見ることでトレンドを可視化する
- 顧客属性をかけ合わせ、要素分解することで課題の要因を把握する
- KPIをさらに詳細な指標に因数分解し、KPIの課題を発見する

　分析の切り口を整理することで、見るべき要素をどのように見るのかが定まります。

　次の第4章では指標と分析の切り口について、どのように考え設計するかを解説します。

利用するデータソースの選定

　要求・要件を満たすデータが揃っているかを調査し、どのデータを活用するかを選定する必要があります。

　場当たり的にデータを選択するのではなく、実際にそのデータを活用して基礎分析を行い、データソースとして問題ないかを検証するのも有効な確認方法です。

　用いるデータの選定は取り組むビジネス課題、それに応じたダッシュボードの要素次第です。詳細は第4章で解説します。

第4章

ダッシュボード設計

4

4.1
ダッシュボードの詳細設計

この章で説明すること

第3章ではダッシュボードを構築するための最初のステップである要求定義と要件定義について解説しました。第4章と第5章では「ダッシュボード詳細設計」について解説します（図4.1.1）。

ダッシュボードの詳細設計には「分析設計」と「デザイン」の大まかに二つの工程があります。本章では「ダッシュボード詳細設計の必要性」について触れたあと、「分析設計」に関する次の4点を解説します。「デザイン」については第5章で取り上げます。

① 分析設計の概要
② 分析設計に必要な知識
③ 分析設計をする上での思考法
④ 分析設計のためのデータ調査

図4.1.1 | ダッシュボード構築プロジェクトの全体像

要求定義・要件定義	ダッシュボード設計	データ準備	ダッシュボード構築	運用・レビュー・サポート

この章で扱うフェーズ

ダッシュボード詳細設計の必要性

ダッシュボード構築の経験がある方の中には、要件定義の後すぐにチャートを作り、ダッシュボードデザイン（どのデータをどういったチャートで、ダッシュボードのどこに入れるかなど）を行い、ダッシュボード構築のステップへと進む方もいるでしょう。

ダッシュボードの詳細設計はダッシュボード構築において、必ずやらなけ

ればならない作業ではありません。ダッシュボードの詳細設計について、書籍で語られることも少ないです。しかし、**本書では「使われるダッシュボード」の観点からダッシュボードの詳細設計を推奨します。**

　私たちのチームでは、ダッシュボードの詳細設計には、大きく二つの工程があると考えています。前者についてはこの章で、後者については次の章で詳細を解説します。

- ダッシュボードの分析設計
- ダッシュボードのデザイン

　詳細設計を推奨する理由は、**ダッシュボードのユーザーが「本当に使いたい」と思うダッシュボードに少しでも近づけるためです。**

　要求定義で「どのビジネス課題のために使うダッシュボードか」「ダッシュボードで何を実現したいか」、要件定義で「ダッシュボードをどう使ってもらうか」「そのためにどんなデータを使って何が見られるとよいか」を決めると説明しました。しかし、要求定義・要件定義では具体的に、次のような分析要件（「問い」「指標」「見方」）を整理できていないことが多いです。

- どのような問いに答えられるようにするのか
- そのためにどのような指標（売上や購入者数など）を見るのか
- どのように（都道府県別や事業部別など）それらの指標を見られるようにするのか

　ここで、第3章で紹介したダッシュボード要件整理票を再掲します（図4.1.2）。

図4.1.2｜ダッシュボード要件整理票（再掲）

ダッシュボード名	目的	想定ユーザー	シート	データソース	KPI	…
EC ダッシュボード	KPI モニタリング	EC担当者全員	KPIサマリー	購入履歴 会員マスタ	売上	…
				購入履歴 会員マスタ	利益	…
				購入履歴 会員マスタ	決済回数	…
				購入履歴 会員マスタ	決済者数	…
			カテゴリ別売上	購入履歴 商品マスタ	売上	…
	EC 訪問状況確認	EC担当者全員	EC訪問 KPI	アクセスログ	サイト訪問数	…
				…	…	…
		広告担当者	流入チャネル別 KPI	購入履歴 アクセスログ	チャネル別訪問数	…
	⋮	⋮		⋮	⋮	⋮

　ダッシュボード要件整理票はどのような目的で、どのようなダッシュボード（全体サマリー、テーマ別、詳細分析）の構成で、誰が使うのか、その中身の概要はどのようなものか、方向性を整理したに過ぎないことが多いです。

　ダッシュボードを設計する人物がダッシュボードユーザー自身である場合は、具体的な分析のイメージが設計者の頭の中にあるため、要求定義・要件定義の内容以上の情報は必要ないかもしれません。しかし、そうではない場合、設計者が要求定義・要件定義の情報を解釈し、分析要件を想定してデザインを行う必要があります。

　経験を十分に積んだ設計者であれば、ある程度は分析要件の落としどころがわかっているため、ダッシュボードのユーザーが求める分析要件を大きく外すことはないかもしれません。

　しかし、全ての設計者が分析の経験が豊富であるとは限りませんし、設計者が分析要件に対してダッシュボードのユーザーの期待通りに設計できるとも限りません。「見た目は整理されていてきれいなダッシュボードだけど、なぜか使いづらい」となることもあります（図4.1.3）。

　このような背景により、ビジネスの現場では「使われないダッシュボード」に至ることがあります。

図4.1.3 | ダッシュボードの詳細設計の必要性

詳細設計（分析設計とダッシュボードデザイン）を実施することで
独自解釈の余地を減らし、ユーザーにとって最適なデザインに

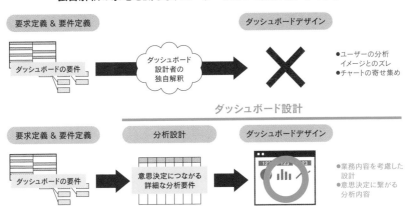

「使われるダッシュボード」にするためには、ユーザーにとって役に立つダッシュボードでなくてはなりません。つまり、データ分析によって有益な示唆が得られ、その示唆がユーザーの意思決定に貢献する必要があります。そのためにも、ダッシュボードのユーザーと協議しながら、できる限り時間をかけて詳細設計をしましょう。

4.2

分析設計の概要

分析設計とは

　要求定義・要件定義で整理されたダッシュボードへの要望（第3章）とデータ調査（本章の最後で解説）で得られたデータの知見から、ダッシュボードの詳細設計を行います。

　ダッシュボードの詳細設計とは「ダッシュボードで実施する分析の内容と、それによって実現する分析体験」を設計することです。

　本章では、「ダッシュボードで実施する分析の内容」の設計（＝ダッシュボードの分析設計）について解説します。「それによって実現する分析体験」の設計（＝ダッシュボードデザイン）については、第5章で解説します。

　ダッシュボードの詳細設計のステップは、ダッシュボードの設計者が、ダッシュボードのユーザーと次のような内容を考慮しながら、ダッシュボードの具体的な内容を検討します。

- 分析で明らかになる事実が業務の意思決定に役立つか
- ユーザーのデータ分析の能力に対して、過剰な情報量・粒度の設計になっていないか

　私たちのチームは、分析要件の合意形成のために、「ダッシュボード詳細設計書」で情報を整理し、お客様と認識合わせをしています。

● ダッシュボード詳細設計書の構成

ダッシュボード詳細設計書は図4.2.1にあるような項目で構成します。

図4.2.1 | ダッシュボード詳細設計書の項目

項目名	内容	記入例
①ダッシュボード名	ダッシュボードの名称	商品販売実績ダッシュボード
②チャートエリア名	役割が類似する複数のチャートをまとめたチャートグループの割り当て	商品別販売状況分析エリア
③チャートの役割	データ分析におけるチャートの役割	売れ筋商品把握
④チャートの指標	分析に使用する指標	売上, 販売数, 決済回数
⑤チャートの比較軸	集計対象を分割するために用いる情報（比較軸）	商品カテゴリ, 商品名
⑥チャートの形式	チャートの種類	横棒グラフ (売上金額 順)
⑦フィルター要素	データ分析時にユーザーが任意で追加可能な集計対象データの抽出条件	集計期間(年・月), 商品カテゴリ
⑧データマート	チャートが参照するデータマートの所在	ダッシュボード用分析データマート/ 商品販売実績詳細情報
⑨指標の計算ロジック	指標の計算方法. 認識齟齬を減らすためSQLかBIツールの集計関数の表記での記載を推奨	売上 =SUM([売上]), 販売数 = COUNT(), 決済回数 = COUNT(DISTINCT [決済ID])
⑩指標の目標値設定	指標に目標値を設定するかどうか 目標値を設定する場合はその値と粒度を記入 資料がある場合は資料格納先を併記	目標あり 月間1億円 / 年間10億円 目標値に関する詳細は以下参照: http://...

ダッシュボード詳細設計書では、分析要件ごとに具体的なチャートの仕様や使用する指標・比較軸を定義します。図4.2.2にダッシュボード詳細設計書の記入例を掲載します。

図4.2.2 ｜ ダッシュボード詳細設計書の記入例

ダッシュボード名	チャートエリア名	チャートの役割	指標	比較軸	チャート形式	フィルター要素	…
商品販売実績ダッシュボード	KPI状況分析	ビジネス状況に問題がないか確認	売上	-	数値	販売店の地域、商品カテゴリ	…
			販売数	-	数値	販売店の地域、商品カテゴリ	…
			決済回数	-	数値	販売店の地域、商品カテゴリ	…
			1決済あたりの売上	-	数値	販売店の地域、商品カテゴリ	…
		KPIの時系列トレンドに想定外の変調がないか	売上	時系列(年月)	棒グラフ	販売店の地域、商品カテゴリ	…
			販売数	時系列(年月)	棒グラフ	販売店の地域、商品カテゴリ	…
			決済回数	時系列(年月)	棒グラフ	販売店の地域、商品カテゴリ	…
			1決済あたりの売上	時系列(年月)	折れ線グラフ	販売店の地域、商品カテゴリ	…
	商品販売状況分析	売れ筋商品把握	売上、販売数、決済回数	商品カテゴリ、商品名	横棒グラフ(売上順)	販売店の地域、商品カテゴリ	…
			売上、販売数、決済回数	商品カテゴリ、商品名	横棒グラフ(売上ランク上昇数順)	販売店の地域、商品カテゴリ	…
		決済の傾向分析	決済回数	1決済あたりの売上金額の区分	ヒストグラム	販売店の地域、商品カテゴリ、商品	…
⋮	⋮	⋮	⋮	⋮	⋮	⋮	⋮

　このようにチャートの役割と仕様を整理し、一覧にすることで、ダッシュボードのユーザーと設計者の認識にズレのない情報共有を行えます。他にも、次のように効率性向上やミス防止に繋がるというメリットがあります。

- 設計から漏れている分析要件の発見に繋がる
- 使用するデータが定義されているため、どのデータを使用するのか問い合わせる必要がなくなる
- どの形式のチャートを作成するのか問い合わせる必要がなくなる
- 指標の計算ロジックが定義されているため、計算ミスを未然に防ぐことができる

　ダッシュボード詳細設計書は本章と、ダッシュボードデザイン、データ準備のステップを進めながら、徐々に追記します。分析設計ではまず、ダッシュボード詳細設計書の項目（図4.2.3）の中の③チャートの役割、④チャートの指標、⑤チャートの比較軸、⑦フィルター要素、⑨指標の計算ロジック、⑩指標の目標値設定の6項目の情報を記入します。

なお、実際に分析要件を棚卸しする際の考え方については、**4.4**で詳細に解説します。ダッシュボード詳細設計書を作成する際はそちらも参考にしてください。

図4.2.3｜各章に関連する設計書の項目

●：要件を決定
○：要件の一部のみ決定、加筆修正

項目名	要件定義 （第3章）	分析設計 （第4章）	デザイン （第5章）	データマート構築 （第6章）
①ダッシュボード名	●	-	-	-
②チャートエリア名	-	-	●	-
③チャートの役割	-	●	○	-
④チャートの指標	○ （主要な指標の一覧作成）	●	-	-
⑤チャートの比較軸	○ （主要な比較軸の一覧作成）	●	-	-
⑥チャートの形式	-	-	●	-
⑦フィルター要素	-	●	○	-
⑧データマート	-	-	-	●
⑨指標の計算ロジック	-	○	-	●
⑩指標の目標値設定	●	○	-	-

● ワイヤーフレームやモックアップを用いたイメージ共有

ダッシュボードの詳細設計のステップは、設計書を作成すれば終わり、ではありません。ダッシュボードのユーザーと複数回にわたり議論し、設計書の加筆修正を行います。

ユーザーによっては、ダッシュボード詳細設計書だけではダッシュボードの完成形をイメージできないことがあります。

ダッシュボードのイメージが持てないと、分析要件に対する意見もあまり出てきません。そのような場合には、ワイヤーフレームやダッシュボードのモックアップを作成し、視覚的に分析要件を把握できるようにしましょう（図4.2.4）。ワイヤーフレームやモックアップを作成する場合は、第5章の解説を参照してください。

図4.2.4 │ 分析要件を視覚的イメージに変換して情報共有

ワイヤーフレームによるイメージ共有

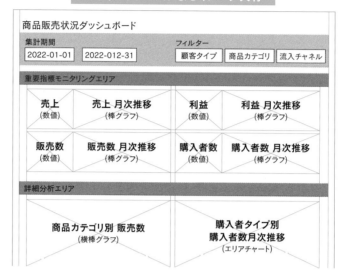

モックアップによるイメージ共有

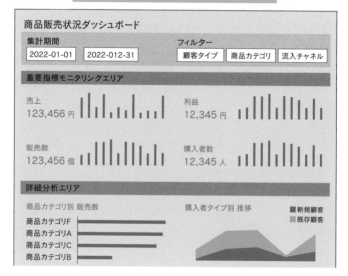

4.3

分析設計に必要な知識

なぜデータ分析知識が必要なのか

4.2ではダッシュボードの分析要件の整理方法として、ダッシュボード詳細設計書について解説しました。

しかしダッシュボードの詳細設計の経験が浅いうちは、ゼロから設計書を埋めるのが難しいという方もいらっしゃると思います。本章の**4.3**以降では、そのような方のために分析設計に役立つ分析の基礎知識や設計の思考法（**4.4**で解説）について説明します。

分析設計には、データ分析に関する十分な知識が必要不可欠です。データ分析の知識が不足していると、業務上重要な指標や比較軸を適切に選択できません。また、自分なりの分析設計の指針を持てず、ダッシュボードの完成イメージを持つことも難しいです。もしかしたら、ダッシュボード設計が、途方もない作業のように感じてしまうかもしれません。

そのような事態にならないよう、本節ではダッシュボード設計者が知っておくべきデータ分析の知識を解説します。

チャートを構成する要素

データ分析に親しみがない方でも、棒グラフや折れ線グラフなどのデータ分析でよく使われるチャートは見たことがあるでしょう。

チャートとは、決済単位や人単位といった細かなデータを販売地域や商品カテゴリといったある粒度で集計し、その結果を大きさ・長さ・角度・座標などといった視覚的情報へと変換（可視化）したもの、と定義できます（図4.3.1）。

データを分析するとき、データをそのまま（生データのまま）解釈することは難しいため、分析の目的に応じて何らかの条件で集計を行います。例えば、「2023年の売上金額の大きさを、販売地域ごとに比較しよう」といったように示唆を得るために適した条件を決めて集計します。

そして、集計結果を棒グラフを用いて「売上金額の大きさを棒の長さに」

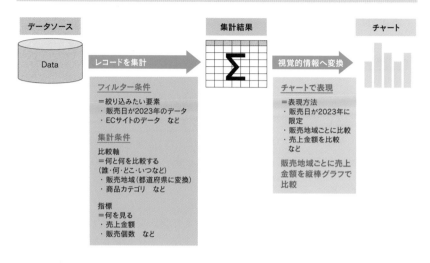

図4.3.1 | データを集計し、チャートへ変換

「販売地域で比較するために各棒を分割する」といったように視覚的情報＝チャートへ変換します。

これらの集計条件、フィルター条件、チャート表現が分析要件（どのような分析を行うのか）です。そのため、**分析設計では分析要件として一つ一つの分析に対して集計条件（指標と比較軸）とフィルター条件を1セットとしてダッシュボード詳細設計書に記入します。**

データ分析の目的

データ分析は、データの収集・集計・可視化・考察・レポート作成・報告と工程が多く、数週間かかることが多く、場合によっては数カ月かかることもあります。時間もコストもかかりますが、多くの企業でデータ分析が行われていますし、データ活用に対する熱は年々高まっています。

なぜ、私たちはデータ分析をするのでしょうか。それは、データによって状況を客観的に評価することで最善の意思決定を行い、より大きなビジネス成果を得るためです。**分析を価値のあるものにするために、求めるビジネス成果と意思決定に必要な判断材料から逆算して分析要件を考えることは非常に重要であると言えます。**

意思決定のパターンとプロセス

さて、データ分析は「最善の意思決定を行い、ビジネス成果をより大きくするためのもの」と説明しました。ここからはデータ分析と意思決定に対する理解をさらに深めるため、データ分析における「意思決定のパターンとプロセス」について紹介します。

ビジネスにおける意思決定のパターンには大きく分けて四つあり、①〜④のプロセスに従い、大局的な意思決定から個別具体的な意思決定へと順を追って検討します（図4.3.2）。

① 現状に対する意思決定：維持・中止・見直し
② 選択と集中：リソース（予算、人材、商品など）を効果的に配分
③ 新たなプランの実行：データをもとに新たな戦略・施策の立案・実行
④ 評価と改善：実行した施策の評価と改善検討

図4.3.2 | 意思決定のパターンとプロセス

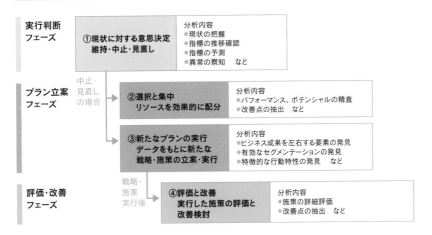

- ①現状に対する意思決定：維持・中止・見直し

ビジネスの状況がプラン通りか、あるいはプランよりも悪い結果を出しているかを把握することで現状維持、中止、あるいはプランの見直しを判断します。

意思決定の例　①現状に対する意思決定

- KGI、KPIともに目標を上回る状況であるため、現状を維持する【現状維持】
- 目標販売数に早期に到達する見込みであるため、追加の広告施策を取りやめる【中止】
- 施策の効果が想定を下回るため、プランを見直す【見直し】

この意思決定のパターンでは次のような分析をし、現状維持・中止・見直しの判断を行うことが多いです。

- 現状の把握：差によって判断
  - ✓現在の数値が目標値に対して、どれだけ乖離があるかを把握
- 指標の推移確認：増減の傾向、トレンドによって判断
  - ✓増加・減少傾向の有無を確認、要因分析の実施を検討
- 指標の予測：今後のシミュレーション結果によって判断
  - ✓今後の推移・最終着地を予測、目標値との差を見積もる
- 異常事態の察知：異常事態の構造理解と今後の影響から判断
  - ✓数値の推移に大きな変動があるか確認、要因分析の実施を検討

- ②選択と集中：リソース（予算、人材、商品など）を効果的に配分

複数の施策を同時並行で実施している場合や、複数のチャネル・店舗・媒体などにコストをかけている場合などに、現在のリソース配分が最適かを確認し、問題があれば配分の変更を検討します。

意思決定の例　②選択と集中

- より費用対効果の高い広告施策へ予算を多く配分する
- 来店人数が増加している店舗により多くの人材を配置する

- 競合に大きく差をつけられている地域の店舗を増やす
- 高騰した材料費を抑えるために原材料の仕入れ先の見直しを行う

　この意思決定のパターンでは次のような分析をし、リソースの配分を行うことが多いです。

- パフォーマンス、ポテンシャルの精査：投資対効果、期待値から判断
  ✓コストに対する成果（＝パフォーマンス）を確認
  ✓成長余地やコストの回収効率（＝ポテンシャル）を確認
- 改善点の抽出：改善の実現性・方法から判断
  ✓課題に対して、軌道修正可能な改善点がないかを確認

● ③新たなプランの実行：データをもとに新たな戦略・施策の立案・実行
　手元のデータを様々な角度で分解し、比較することでデータに隠れている傾向や要因を発見します。そして、これらの発見から次に打つべき（現状よりも良い結果になることが予想される）戦略や施策を実行することでKGIやKPIの向上、ビジネスの成功を目指します。

意思決定の例　③新たなプランの実行
- 売れ筋の商品を分析、よく購入される商品の共通項を探り、商品開発を行う
- 年間購入回数の多い消費者と少ない消費者の行動を比較し、購入頻度を高める施策を実施
- 解約した顧客の行動を分析し、解約の見込みが高い顧客に引き留め施策を実施
- 同時購入されやすい商品の組み合わせを精査し、商品ページのおすすめに表示する

　この意思決定のパターンでは次のような分析をし、新たなプランを実行することが多いです。

- ビジネス成果を左右する特徴的な要素の発見：影響度から判断
  - ✓ビジネス成果への影響要素（顧客属性、購買商品、店舗など）を確認
- 有効なセグメンテーションの発見：動かすべきセグメントを検討
  - ✓ビジネスの成功のために注力すべき顧客群を検討
  - ✓セグメントの推定顧客数と施策実行した場合のビジネスインパクトをシミュレーション
- 特徴的な行動特性の発見：セグメントの動かし方を検討
  - ✓行動が起こる起点（トリガー）を確認
  - ✓行動傾向を確認

● ④評価と改善：施策の評価と改善検討

　データ分析で得た知見をもとに実施した施策が想定通りに良い成果を上げたかを確認します。施策実施と効果検証のプロセスを繰り返すことで、最も高い効果が得られる施策の発見と顧客など施策の対象に関する知見の蓄積を目指します。

意思決定の例　④評価と改善

●広告施策の評価と改善
- 20〜30代の女性の購入者の割合が多いことが分析で明らかになった
- 若年女性向けを想定した広告施策を実施
- 想定ターゲットの獲得状況、費用対効果から施策を評価
- 一部の広告媒体の効果が悪かったため、次回改善を検討

●リピート顧客獲得施策の評価と改善
- 年間購入金額が高い顧客は、初回購入後90日以内の再購入率が高いとわかった
- 初回購入後の顧客に2回目の購入を促す施策を複数実施
- 2回目購入に繋がったかを評価。その後の購入状況も確認
- 2回目購入に繋がった顧客と繋がっていない顧客の違いをもとに新たな施策を検討

この意思決定のパターンでは次のような分析をし、施策の評価と改善を行うことが多いです。

- 施策の詳細評価：目標や施策の目的と照らし合わせて評価
  - ✓目標（KGI/KPI）の達成状況の確認
  - ✓ターゲットが想定通りの反応をしたか確認
- 改善点の抽出：改善の実現性・方法から判断
  - ✓目標との差の大きさから必要な改善の規模を理解
  - ✓改善のために必要とされる規模に対して、誰を・どうやって動かすかを検討

四つの分析タイプ

前項では意思決定のパターンには四つあり、それに対応して分析内容も変わることを解説しました。この項では四つの分析タイプを紹介します（図4.3.3）。

図4.3.3 | 分析のタイプ

分析の目的	分析のタイプ	
事業の状況把握と改善箇所を特定	①現状診断型	KGI/KPIの数値と推移を把握し、ビジネスの状況を診断する
	②課題特定型	事業・商材・場所などに分解して評価し、課題を明らかにする
戦略や施策立案に役立つ特徴や特性の発見と検証	③特徴・特性探索型	施策の成果や顧客の行動などについて様々な比較軸で分析し、戦略や施策の立案に役立つ特徴・特性をみつける
	④戦略・施策評価型	特徴・特性をもとに立案した戦略・施策が、想定通りに成果を出したか評価する

これらの分析のタイプは、前述した意思決定のパターンに応じて複数組み合わせて用います。ダッシュボードの詳細設計においては、どのような意思

決定を行うのかと、その意思決定に必要な分析の組み合わせを考えます。これにより、ダッシュボードのユーザーがデータ分析に価値を感じるダッシュボード、すなわち「使われるダッシュボード」へ近づくことができます。

● ①現状診断型

　KGIやKPIの現状を確認することで、ビジネスのコンディションを把握します。ダッシュボードの分析要件において、必須の分析タイプです。現在値と目標値との比較や、現在と過去の同時期の値の比較、時系列でのKPIの推移による数値トレンド確認などが当てはまります。

● ②課題特定型

　課題特定型はKGIやKPIを事業単位や店舗単位など業務上の区分で比較します。想定通りの成果を出している事業・出していない事業、売上が高い店舗・低い店舗などを把握することで、ビジネス成果の課題をさらに詳細に分析できます。

● ③特徴・特性探索型

　対象の特徴や傾向を発見するために、比較軸やデータ抽出条件を切り替えながら試行錯誤的に集計結果の分析・解釈を行います。課題特定型はビジネスのどこに課題があるのかを分析するのに対し、特徴・特性探索型は課題の原因や構造をあぶり出すことが目的です。例えば「ECサイトで商品を購入するユーザーは、商品を購入しないユーザーに比べて、特定の情報を重視してサイトを回遊する傾向がある」といった示唆を得る分析が、特徴・特性探索型にあたります。

　特徴・特性探索型は試行錯誤的なデータ分析を前提とするため、あらかじめ分析要件を設計するダッシュボードとはあまり相性が良いとは言えません。しかし、原因や構造の発見に繋がりそうな比較軸の仮説を立て、集計条件やフィルター条件に加えることは可能です。ダッシュボードの分析要件としても探索的要素を加えたほうが分析体験の魅力が増すため（アクションに繋がる新たな発見があるかもしれません）、設計に加える余地がないか検討することをおすすめします。

● ④戦略・施策評価型

　戦略・施策立案時の想定通りの結果が得られたかを明らかにする分析が戦略・施策評価型です。成果を計測するという点では現状診断型と似ていますが、評価の基準に違いがあります。現状診断型が単純に施策全体の評価であるのに対して、戦略・施策評価型の分析は「この商品を購買している層の多くが20代〜30代の女性であるため、女性向けの特集ページを制作すればより大きい反響が得られるはずだ」のように、顧客に対する洞察に従ってデザインされた戦略・施策の成果が想定通りかどうかを分析します。

　このように、戦略・施策評価型の分析は戦略・施策設計とセットで行われます。分析を実施するチームと戦略・施策を設計・実行するチームが協力関係になければPDCAサイクルは上手く回りません。ダッシュボードにこのタイプの分析要件を加える場合は戦略・施策を設計・実行するチームの要望も確認し、協力体制が強化できるような分析設計やダッシュボードデザインを心がける必要があります。

ダッシュボードの種類と分析タイプの適性

　ダッシュボードには大きく分けて「全体サマリーダッシュボード」「テーマ別ダッシュボード」「詳細分析ダッシュボード」の三つがあることは第3章で解説しました。

　ダッシュボードの要件によって詳細は異なるため一概には言い切れないものの、ダッシュボードの種類によって適した分析のタイプがあります。本項では種類ごとにどの分析のタイプが適しているか、解説します（図4.3.4）。

● 全体サマリーダッシュボード

　全体サマリーダッシュボードの目的は「企業や事業全体のKGI/KPIの確認」である場合が多いです。そのため、「現状診断型」の分析タイプが特に適しています。

　KGI/KPIへの影響が大きいなどの理由で、特に重視している比較軸（主要事業別、商品別、顧客ランク別など）があり、その比較軸での数値もあわせて確認したい場合は、「課題特定型」の分析タイプも組み込むことがあります。

図4.3.4 | ダッシュボードの種類と分析タイプ適正

	全体サマリー ダッシュボード	テーマ別 ダッシュボード	詳細分析 ダッシュボード	アドホック 分析
現状診断型	◎	◎	△	☆
課題特定型	△	○〜◎	◎	☆
特徴・特性 探索型	×	△	○	☆
戦略・施策 評価型	×	○	◎	☆

◎:かなり適正がある　　△:あまり適正がない
○:適正がある　　　　　×:適正がない
☆:分析要件により様々

● テーマ別ダッシュボード

テーマ別ダッシュボードは全体サマリーダッシュボードと詳細分析ダッシュボードの中間の位置付けです。「現状診断型」や「課題特定型」、「戦略・施策評価型」の分析タイプに適しており、幅広い分析要件に対応できるダッシュボードです。

ただし、「特徴・特性探索型」は様々な指標や比較軸を組み合わせた分析が必要なため、次に挙げる詳細分析ダッシュボードのほうが適しています。

● 詳細分析ダッシュボード

詳細分析ダッシュボードは二つのタイプに分かれます。

一つは、テーマ別ダッシュボードでは表示できないような細かい粒度の比較軸を複数持ち、詳細な分析を実現するものです。例えば店舗数が数百以上あり、店舗別に売上金額を分析する場合に「課題特定型」詳細分析ダッシュボードを構築します（図4.3.5）。

図4.3.5 | 「課題特定型」詳細分析ダッシュボードの例

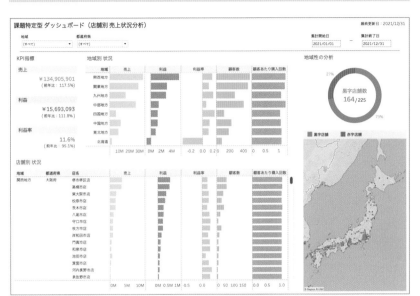

　もう一つは「特徴・特性探索型」「戦略・施策評価型」を中心としたタイプで、これは複数のフィルターや複数の分析用チャートを組み合わせることで、より詳細に分析を行うためのものです。分析したい対象やその内容に合わせて個別にダッシュボードを構築します。試行錯誤しながら探索的に分析したいとき、戦略・施策の想定ターゲット・成果ごとに評価を確認したいときに真価を発揮するダッシュボードです（**図4.3.6**）。

図4.3.6 ｜ 「特徴・特性探索型」「戦略・施策評価型」を中心としたタイプの例

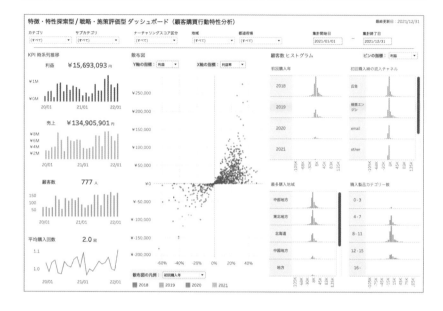

アドホック分析による補完も視野に入れる

三つの異なるダッシュボードを組み合わせることで、業務で求められる分析要件の多くをダッシュボード上で実現できることは間違いありません。しかし、「特徴・特性探索型」のような複数の比較軸を組み合わせて行う探索的な分析では、比較軸の組み合わせは膨大なものとなり、あらかじめ分析に使用する項目の全てを分析要件として事前に設計することは困難です。

分析設計の際は考えうる全ての分析要件を網羅するのではなく、分析の頻度と優先度が高いものをダッシュボードで行い、頻度と優先度がともに低い分析は個別に分析作業（アドホック分析）をするといった、割り切りが必要です。

ダッシュボードに多くの分析要件を含めるほど分析内容は充実しますが、同時にダッシュボードに載せなければならない情報が増えます。結果、煩雑なデザインとなり、使いづらいダッシュボードになってしまいます。**分析内容の充実と使いやすさは基本的にトレードオフの関係にあるため、どの分析要件をダッシュボードで対応するか、設計者は意思決定を行う必要があります。**

4.4
分析設計をする上での思考法

ビジネス成果と意思決定から逆算する

　具体的に分析要件を考える方法がわからず、ダッシュボード詳細設計書の作成に二の足を踏む方もいらっしゃると思います。そのような方に向けて、本節では私たちのチームが実践している分析要件を考えるための三つの思考法を紹介します。

　① 求めるビジネス成果と意思決定に必要な判断材料からの逆算
　② 指標の検討
　③ 比較方法の検討

　まずは「① 求めるビジネス成果と意思決定に必要な判断材料からの逆算」を説明します。
　「ビジネス成果と意思決定」は、一つ一つの分析要件、特に比較軸を考える際の重要なキーワードでもあります。求めるビジネス成果と意思決定に必要な判断材料から逆算的に設計を考えることは、ダッシュボード詳細設計の全ての作業に通じる最も重要な考え方です。

ビジネス課題と「問い」

　戦略や施策を立案し、実行の意思決定を行う理由の多くはビジネス成果の最大化です。そのために日々の改善が必要です。より詳細には、ビジネス上の課題を解決し、ビジネス状況を理想的な状態に近づけるために戦略や施策を実施します。
　課題と言っても、ビジネスインパクトの大きな課題から小さな課題まで様々あり、はじめから課題として認知されているものもあれば、要因が絡み合い過ぎていてまだ気がついていない、隠れた課題もあります。これらの課題を明確にし、解決すべき重要な課題や課題を特定するための論点を洗い出し、課題解決のための糸口を見つける必要があります。そのためにデータ分

析を行います。そして、「問い」とは、このために実施する調査の対象と内容を定めたものです（図4.4.1）。

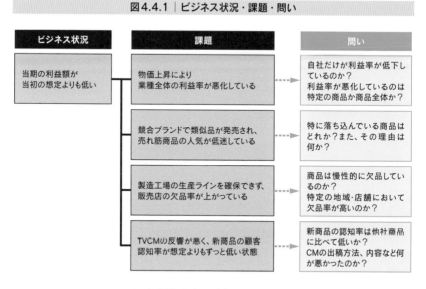

図4.4.1 | ビジネス状況・課題・問い

ビジネス状況	課題	問い
当期の利益額が当初の想定よりも低い	物価上昇により業種全体の利益率が悪化している	自社だけが利益率が低下しているのか？ 利益率が悪化しているのは特定の商品か商品全体か？
	競合ブランドで類似品が発売され、売れ筋商品の人気が低迷している	特に落ち込んでいる商品はどれか？また、その理由は何か？
	製造工場の生産ラインを確保できず、販売店の欠品率が上がっている	商品は慢性的に欠品しているのか？ 特定の地域・店舗において欠品率が高いのか？
	TVCMの反響が悪く、新商品の顧客認知率が想定よりもずっと低い状態	新商品の認知率は他社商品に比べて低いか？ CMの出稿方法、内容など何が悪かったのか？

　例えば、「当期の利益額が想定よりも低い」はビジネス状況です。これに対して、「物価上昇により業種全体の利益率が悪化している」「競合ブランドで類似品が発売され、売れ筋商品の人気が低迷している」などビジネス状況を生んでいる要因が課題です。はじめから課題がわかっていることはあまりなく、実務ではビジネス状況から逆算して課題の仮説を立てます。

　そして、仮説立てした課題が本当に存在するのか、またビジネス状況に影響を与える真の課題が何かを明らかにする必要があります。そのために仮説検証や課題特定、原因特定の問いを設け、データ分析を行います。

　問いは、例えば「利益率が悪化しているのは特定の商品か商品全体か？」「特に落ち込んでいる商品はどれか？ また、その理由は何か？」などです。

　今解決すべき重要な課題とその原因を明らかにすることが、意思決定のためのデータ分析の最終的な目標です。注意すべきなのは、大き過ぎる課題設定では問いを設計できない点です（図4.4.2）。

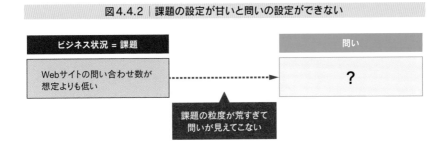

図4.4.2｜課題の設定が甘いと問いの設定ができない

この例では課題を「Webサイトの問い合わせ数が想定よりも低い」と設定しています。しかし課題を見る視点が大き過ぎて現在のビジネス状況を記しているだけになっているため、分析設計に繋がる問いを設定できません。分析設計に繋げるためには、図4.4.3のように課題を要因のレベルまで分解する必要があります。

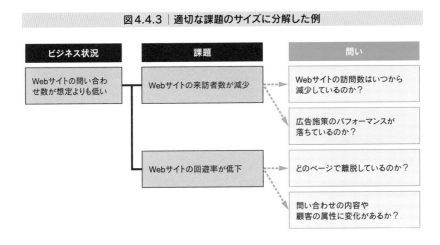

図4.4.3｜適切な課題のサイズに分解した例

ダッシュボード設計における課題と問いの整理

ここまでは一般的なデータ分析から見た、ビジネス状況・課題・問いの立ち位置と関係性を説明しました。ダッシュボード設計の目線で見てもこれは変わらないでしょうか。

データ分析は、今、現実に起こっているビジネス状況に対する課題を特定

し、解決するために実施します（研究的に将来を予測する場合を除いて）。一方、ダッシュボード設計では、将来起こりうる課題を想定し、その実態と要因を明らかにするために問いを設定し、分析要件を設計する必要がある点が異なります。

　問いを整理するときは「このようなことが比較・分析できれば、将来起こる課題の特定や要因分析に役立つのではないか」という目線で思いつく限りアイディアを出し、分析要件を設計するとよいでしょう。

　分析設計のための課題と問いに限れば、想定すべきビジネスの範囲はダッシュボードの目的の範囲内に限定されます。ECサイトの売上分析ダッシュボードであればECサイトのビジネス状況に限定され、そこから繋がる課題と問いを立てます（図4.4.4）。

図4.4.4 ｜ ダッシュボードでは将来の課題の候補と問いを整理する

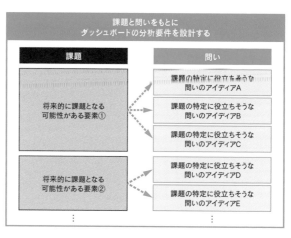

ダッシュボードの分析要件を設計するための課題や問いはどのようなものでもよいというわけではありません。第3章のダッシュボードの要求定義・要件定義において設定した、ダッシュボードの目的に対応させる必要があります。そのため分析要件を考えるときは、3段階に分けて要件の分解を行います。

① ダッシュボードの目的に対応する課題の候補を洗い出す
② それらをさらに問いへと分解する
③ それをさらに一つ一つの分析要件に変換する

図4.4.5 | 三つの分解作業を経て分析要件を棚卸しする

仮説思考によってダッシュボードの目的から分析要件を分解

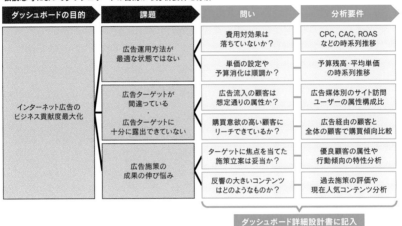

問いの仮説立てのポイント

　問いの質が悪いと、分析要件は課題の本質から外れたものとなってしまいます。そのような分析要件では、重要な示唆を得る分析を行うことは難しいでしょう。価値ある発見を生み出すための問いの仮説立てのポイントを解説します。

＜問いの仮説立てのポイント＞
　① 特徴・特性探索型や戦略・施策評価型の分析を疎かにしない
　② 出来事の裏に潜む要因に思考を巡らせて検討する
　③ 現場の経験・勘に執着しない
　④ 多角的な視点で発想する

●①特徴・特性探索型や戦略・施策評価型の分析を疎かにしない

　現状診断型や課題特定型の分析は現状の把握には役立ちますが、原因の特定や構造整理のための分析という面で見ると、分析要件としてあと一歩足りないものになりやすいです。探索的な分析も含めたダッシュボードを検討し、柔軟な視点で分析要件を組み立てましょう。

●②出来事の裏に潜む要因に思考を巡らせて検討する

　課題が発生する要因には、データで取得できるものとそうでないものがあります。分析要件を設計する際はデータの取得状況に関係なく、出来事の背景にある要因にどのようなものがあるのか、最も影響している要素あるいは根源的な要素は何か、といったことに思考を巡らせて、見るべき指標や比較軸を考えましょう。

　例えば「地方の販売店の売上が前年に比べて減少傾向にある」という課題があったときに、それは人口動態や都市インフラ、あるいは気象のような地域の変化が要因なのか、それとも地域単位で行っている施策やマネジメントの方針変換が影響しているのか、あるいは競合他社のシェアがその地域だけ急増しているのかなど、要因は複数考えられます。

　このように、一つの出来事に対しても影響を与えていそうな要因の候補は様々なことが考えられるでしょう。見るべき指標や比較軸を考える際は、このように思考を巡らせ、表面的な状況だけでなく、その裏側にある要因やメカニズムを捉えようとする姿勢が大事です。

●③現場の経験・勘に執着しない

　経験・勘に基づいて見るべき指標や比較軸を検討することは有効な手段です。長く現場の業務に関わってきた人物の経験則は、大抵はデータ分析の結果とそこまで乖離していないことが多いです。経験・勘も、現場で培われた知見として公正な姿勢で一つの情報として有効活用すべきです。

　一方で、現場の経験・勘に執着することで視野が狭くなり、柔軟に発想ができなくなる事態は避けたいです。経験則・勘・現場の感覚などは分析要件を考える際の発想の種になる情報として参考にしつつも、とらわれすぎないように適度な距離を保つことを心がけてください。

● ④多角的な視点で発想する

日々データや分析に向き合っていると、無意識のうちに手元にあるデータや会議でよく話される関心事などに影響を受けて、思考の範囲が狭まり限定的な視点で考えるようになりがちです。そして、分析要件を考える際にそれが思考の枷になり、自由な発想を阻害することがあります。

日々の思考の範囲や思考プロセスから意識的に距離をとって、ニュートラルな立場で自分の考えや実施している施策、ビジネス状況を見つめ直す時間を取ると、これまで思いもしなかった方向性での仮説が見えてくるかもしれません。自分なりの方法で定期的にゼロベースで思考する習慣を作り、多角的な視点で分析軸を考えられる心のゆとりを保つことを忘れないでください。

指標の検討

ここまで、求めるビジネス成果と意思決定に必要な判断材料から逆算し、問いを立てる方法を紹介しました。ここからは問いに対応する分析を実施するときに用いる指標の選定方法を紹介します。

分析要件の指標としてKGI/KPIを設定するものの、KPIはどこまで広く・深く確認すべきかが迷うところだと思います。見るべき指標はダッシュボードの目的、種類（全体サマリーなのかテーマ別や詳細分析なのか）、ユーザーによって異なります。ここでは指標の選定方法を二つ紹介します。

①構造を整理し、重要な要素を指標に設定
②状態や行動の遷移を指標に設定

● ①構造を整理し、重要な要素を指標に設定

第3章でも触れたKPIツリーや本章で触れた問いを整理し、その中で重要な要素を指標に設定する方法です。

KPIツリーはKGI達成に必要な指標の連なり、複数・多段からなるKPIで構成されています（図4.4.6）。問いについてはビジネス状況、それに紐づくビジネス課題、そのビジネス課題を紐解くための問いという構造が成り立っています。構造を整理し、ダッシュボードの目的に合わせて、重要な指標を設定しましょう（図4.4.7）。

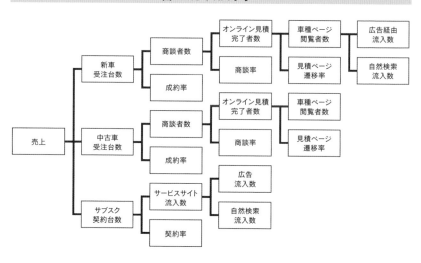

図4.4.6 | KPIツリー

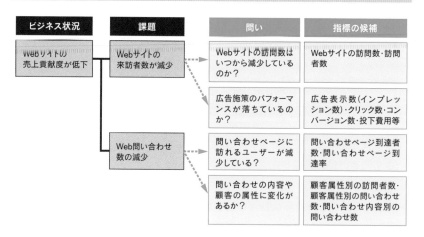

図4.4.7 | ビジネス状況・課題・問いの構造

● ②状態や行動の遷移を指標に設定

　購入や会員登録など、顧客にしてほしい最終的な行動の達成状況を分析するだけでなく、そこに至るための過程も分析します。

　例えばECサイトの商品購入であれば、「ECサイト訪問→商品ページ閲覧→商品カート追加→決済情報入力→購入完了」のように購入までの行動プロセスを大きく五つのステップに分解できます（図4.4.8）。サイト訪問した顧客がこの五つのステップのどこまで到達しているか、各ステップの歩留まり率はどれくらいか、指標化して把握することで商品購入までの行動プロセスのどこに障壁があるのかが見えてきます。

図4.4.8｜行動プロセスを指標化

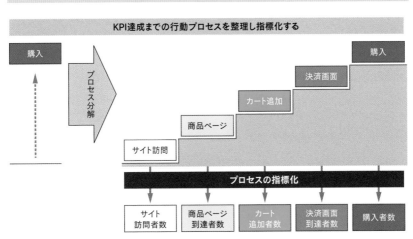

　行動プロセスを指標化して遷移状況を分析することは、ECサイトでの商品購入行動のようなWeb上の行動だけでなく、実店舗への来店や製品体験会参加などオフラインの行動など、多くの場合で有効です。

　行動プロセスを分解する際の注意点は、プロセスの最適な粒度はダッシュボードのテーマによって変わるということです。Web上の行動に限るような狭い業務領域をテーマとしたダッシュボードであればプロセスを細かく分けるとよいでしょう。反対に、Web上の行動に限らずオフラインの行動も含めた全ての業務領域を把握するのであれば、各プロセスの粒度は粗いものに留めたほうがよいでしょう。プロセスが多くなると全ての数値を把握し分析す

ることの難易度が上がるためです。重要な要素に絞ったほうが、ユーザーにとっては分析結果を活用しやすいでしょう。

分析に使用する指標を選定する際は、その指標が改善に繋がる示唆を生む可能性があるかで判断するとよいです。 闇雲に指標を追加するのではなく、意思決定に繋げることが期待できる指標を追加しましょう。

比較方法の検討

売上や購入回数の合計値など、ある出来事の値や回数の大きさを分析することは最も基礎的なデータ分析です。ダッシュボードの目的によっては、このような量を比較するだけでも十分なことが多いですが、これに加えて「1回当たりの購入金額」や「購入金額1万円以上の決済の割合」など、行動の性質や傾向を把握するための単位あたりの指標や全体に占める割合の指標があると、より詳細な状況を把握できるようになります。

分析要件を設計するにあたり、比較軸の選定と同じくらいに指標の値の比較方法の選定は重要です。私たちのチームでは数値を分析する際に、その値を評価するために必ず他の値と比較しています。例えば、単に「月間の売上が1000万円だった」という事実だけでは、それが良いか悪いかを判断できません。「前年同月の売上は800万円だったのに対し、今月の売上は1000万円だった」という比較が伴って、初めて今のビジネス状況を判断できます。

指標の値の比較方法とその特性を理解することは価値のある分析を設計するために欠かせません。

分析設計の際は、データ分析の目的に合わせて、最適な指標の比較方法を選択する必要があります。ここでは、代表的な指標の比較方法を解説します（図4.4.9）。

図4.4.9｜指標のタイプの一覧

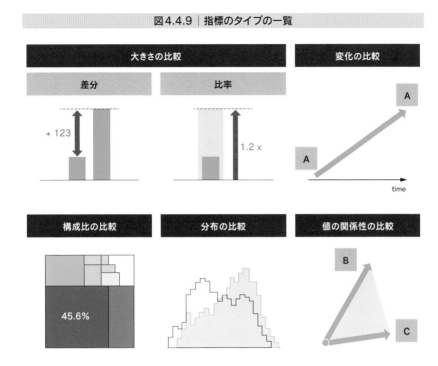

● 大きさの比較

　二つの値を比較することで、その値が大きいか小さいかを把握します。大小比較は比較方法の中でも最も一般的であり、分析には必要不可欠です。多くの分析は、その集計値が大きいか小さいか、長いか短いか、重いか軽いか、高いか低いかなど、比較対象の値に対する評価から始まります。

　大小比較のときの指標は、目的に応じて次のように様々な組み合わせが考えられます。

- 集計値 対 目標値
  例：2022年の売上金額と2022年の売上目標金額
- 集計値 対 基準日とする特定期間の集計値
  例：2022年12月の売上金額と2021年12月の売上金額
- 特定の属性を持つレコードの集計値同士
  例：2022年の文房具の売上金額と2022年の家具の売上金額

- 特定の属性を持つレコードの集計値と全てのレコードの集計値
  例：文房具の平均売上金額と全ての商品の平均売上金額

　何が最善の比較対象であるかは分析要件次第です。主題となる集計値をどのように比較すると分析の目的を達成できるか、試行錯誤して比較対象を選ぶとよいでしょう。

● 大きさの比較の計算方法①：差分
　大きさを比較する計算方法には、差分と比率の2種類があります。まずは差分について説明します。
　差分とは例えば、目標から実績を引き算するなど、二つの値から計算された差のことを言い、差分を用いた分析とは例えば「売上目標を達成するためにあとどれくらい稼ぐ必要があるか」「商材Aの売上は、他の商材の売上よりもどれくらい大きいか」など、値の大きさの違いを実数で比較する方法です（図4.4.10）。

図4.4.10 ｜ 大きさの比較①：差分

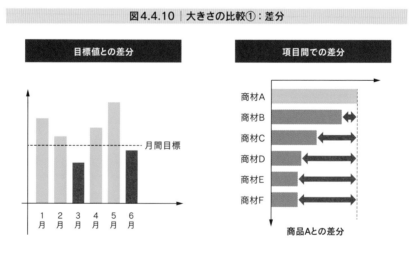

　差分による比較は値の乖離度合いを具体的な数値で表現できるためシンプルでわかりやすく、直感的に大きさの違いを捉えることができます。わかりやすい、直感的であることは数値によって人の行動を変化させるという点において非常に重要です。現場の方にとっては「売上目標まであと10%足りな

い」というよりも「売上目標まであと300万円足りない」というほうが、目標達成のために300万円をどう稼げばよいかという思考になりやすいです。

　多くの指標の計算においてそのほとんどが実数の値の差の比較になっているのは、この比較方法が汎用的で、かつわかりやすく伝わるものだからです。分析要件を設計する際もまずは値の差を見るところから検討するとよいでしょう。

　差分の比較の注意点は、複数の種類の指標を並べたときに各指標の差分がどれだけ大きいものなのか、判断することが難しいことです。例えば「売上は目標よりも1000万円少なく、利益は目標よりも300万円ほど少ない」としたときに、売上と利益の値のどちらが深刻な状況であるのか判断するには業務の数値に対する知識が必要です。

　他にも、商品やサービスの単価や利益率、1人当たりの月間の平均売上金額など様々な指標があるとき、それぞれの指標の規模感の良し悪しを理解できていないと、差分を見てもどの指標が最も良いのか、悪いのかを判断することは難しいです。

　このようなことから、指標を横断して目標値の達成度合いを比較するときや、業務に関する数値の前提知識がないユーザー向けの場合には、次に説明する比率による比較が適しているでしょう。

● 大きさの比較の計算方法② : 比率

　比率とは主題となる集計値を比較対象の集計値で割った値のことを言い、比率を用いた分析とは比較対象の値に対する集計値の割合で評価する方法です（図4.4.11）。差分での比較と比べると比率の場合は「指標Aは目標に対する達成率が12.3%であるのに対し、指標Bは達成率が56.7%だ」のようにパーセント（あるいは0.57倍のように小数）で大小関係が表現されるため、指標に対する背景知識がなくても簡単に評価できます。

　単位を持たない単純な比であるため「売上達成率・利益達成率・新規会員獲得達成率のうち達成率の最も大きいものはどれか？」のように指標を横断した評価も可能です。

図4.4.11 | 大きさの比較②：比率

目標値との対比	指標に対する割合		

	訪問者数	購入者数	購入率
商材A	###	###	1.5%
商材B	###	###	1.0%
商材C	###	###	1.2%
商材D	###	###	0.8%
商材E	###	###	2.0%
商材F	###	###	1.5%

指標A

123,456円

達成率：12.3%

指標B

12,345人

達成率：56.7%

● 変化の比較

　日別の売上金額推移のように、指標の値の変化を時間軸上で比較する方法です（図4.4.12）。指標の値の推移を見ることで、どのように値が変化したか、現在は上昇傾向か減少傾向か、これからどうなっていきそうかなど、より詳細な状況を把握できます。このような時系列推移による比較は、ダッシュボードにおいても多用される方法です。

　変化の比較の特殊な方法として、周期による比較があります。よくある分析要件に、「曜日別の平均売上金額の比較」や「時間帯別の来客数の比較」のように、繰り返される時間軸の要素で比較することで周期性を見つけて施策立案することがあります。「水曜日は来客数が他の曜日よりも少ない傾向があるから、サービスデイとして割引価格で商品を提供しよう」など、施策を実施している場面を見かけることも多いです。

図4.4.12 ｜ 変化の比較

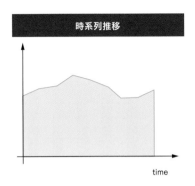

時系列推移

time

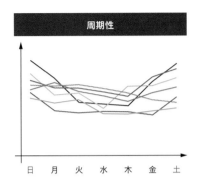

周期性

日　月　火　水　木　金　土

● 構成比の比較

　指標の総計に対して比較軸ごとの値の割合がどれくらいであるかを構成比として計算し、比較する方法です（**図4.4.13**）。例えば「書籍の全売上金額に対する、ビジネス書の売上の割合は30％である。」のように、ある一部分を抽出して計算した集計値が全体に対してどれくらいのシェアを持っているかを把握する際には、この比較方法を選択します。

　全体に対する構成比は「売上に対して、各商品カテゴリがどれくらい売れているのか」や「複数の広告メディアの中で、問い合わせ獲得に寄与しているものは何か」など、何らかの指標の総数を結果として見たときに、その数値が生み出された原因を追求するために利用することが多いです。

　集計値の総計を比較軸によって分解し、比較軸の区分ごとの内訳を確認することで総計に与える影響度合いが構成比によって見えてきます。期待よりも成果が出なかった施策の改善を検討したり、売上貢献度の高い施策に集客のコストをより多く配分したりするなど施策改善のアイディアを得られます。

図4.4.13｜構成比の比較

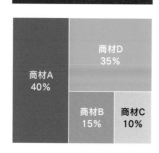

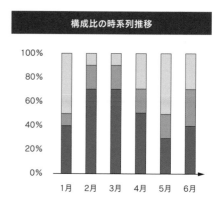

その他の比較方法

　ここまで値の比較方法として、最も一般的である「大きさの比較」「変化の比較」「構成比の比較」の三つの比較について解説しました。基本的にはこの三つの比較方法をベースに分析要件の検討をすれば、おおよその分析要件は設計に落とし込むことができるはずです。まずは、この三つの視点で分析内容を考えて、分析要件を設計してください。

　指標の比較方法には、他にも次に説明する「分布の比較」と「値の関係性の比較」があります。これらは、分析要件として選択する頻度は低いものの、前述の三つの比較方法での分析を補足する有用な比較方法です。

● 分布の比較

　「購入金額別の顧客数分布」のように、ばらつきを比較する方法です。値のばらつきを見ることで、合計値や平均値のような集約された情報では見つからない顧客群の発見や事象の特性の把握ができます（**図4.4.14**）。

　先の購入金別の顧客数分布のように数値の値の大きさでデータを分割する分析の他にも、「性別年代別の顧客数」のように属性の値でデータを分割し、分布を比較することもあります。

図4.4.14 | 値の分布の比較

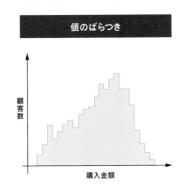

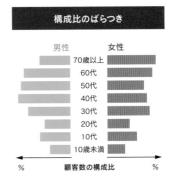

● 値の関係性の比較

散布図など、2種類の指標の値によってデータを比較する方法です。例えば「企業の業種ごとの商談獲得率と成約率」のように比較します（**図4.4.15**）。

図4.4.15 | 値の関係性の比較

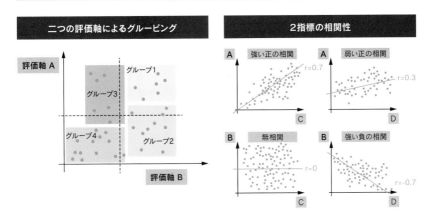

値の関係性の比較によって発見できることは二つあります。一つ目は特徴的なグループの発見です。例えば、比較軸で分解した対象の中で「商談獲得率も成約率も高いグループ」や「商談獲得率は高いが成約率が低いグループ」など、二つの指標の値を比較することで面白い傾向にあるグループを見つけられる可能性があります。

二つ目は、指標間の関係の発見です。これは「顧客別の年間商品購入金額と来店回数」のように顧客一人一人の購入金額と来店回数の値を比較することで、「来店回数の多い顧客ほど年間商品購入金額が高い」といった関係を見い出す可能性があります。指標間の関係（相関）を発見し、顧客行動の傾向をつかめるのも、値の関係性比較の強みの一つです。

分析設計の注意点

　分析設計をする上での思考法の解説の最後に、分析設計を行うときに気をつけるべきポイントについていくつか解説します。

● ダッシュボードのユーザーに寄り添った設計

　本章で解説しているダッシュボード詳細設計の方法は、組織・ユーザー・ビジネス・業務内容などを理解していることを前提としています。十分な理解があるからこそ、ユーザーに寄り添った分析要件を設計でき、使われるダッシュボードを構築できます。この前提条件は、分析の技術やBIツールに関する知識をどんなに深めても変わりません。

　ダッシュボード詳細設計を実施する方は、データアナリストやデータエンジニアなど、専門職に属する方が多いかと思います。専門職の人材は、専門的知識やスキルに気を取られやすく、ダッシュボードのユーザーのことではなく、データのことや設計者が使ってみたい分析手法を中心に据えて設計をしてしまいがちです。ダッシュボードプロジェクトの主役は、設計者でも構築者でもなく、ダッシュボードのユーザーであることを忘れないでください。

● はじめから完璧な設計を目指さない

　はじめから完全無欠のダッシュボードを作ることに躍起になり、設計書の作成に多大な時間を費やすような事態は避けましょう。

　第7章で解説しますが、ダッシュボードプロジェクトは構築がゴールではなく、本質はその後の運用にあります。不足している分析要件があれば、後から追加すればよいのです。

　設計書の作成を設計者が一人で背負い込む必要もありません。主要な分析要件を設計したら、まずはダッシュボードのユーザーをはじめ、プロジェク

トの関係者に共有して、意見交換をしてさらに設計書をブラッシュアップするためのヒントをもらいましょう。

　そのようにして設計書のブラッシュアップを繰り返し、少しずつ分析要件を詰めるほうが進捗しますし、設計書の質も高くなりやすいです。

● 全ての分析をダッシュボードで完結させようと考えない

　私たちが手に入れられるデータは、一部の事象を記録したものでしかなく、必ずしも完璧な精度のデータであるとは限りません。手元のデータで全てを把握できると思い込まないようにしてください。

　また、ダッシュボードがあれば、業務に必要な全ての分析ができるといったように、ダッシュボードの価値を過信しないでください。先にも述べましたが、分析できることが増えるほど、使いやすさは損なわれます。

　ダッシュボード上での分析と、個別のアドホックでの分析、どちらも得意と不得意があります。全ての分析をダッシュボードで完結させようとするとどこかで無理な設計が必要となり、使いやすさを損なうといったしわ寄せが出てしまいます。ここまではダッシュボード、ここからは個別のアドホック分析のように、あらかじめ分析の要件を精査しちょうど良い線引きをしましょう。

4.5
分析設計のためのデータ調査

データ調査とは

　ここまでダッシュボードの詳細設計について紹介しましたが、本章の最後にデータ調査について述べます。紙面の都合上、要点を絞って解説します。

　データ調査とは、データの仕様や特徴を調べることで、分析要件の実現可能性を精査するとともに、ダッシュボード構築のために必要なデータ処理（接続・加工・集計）の工程がどれくらい必要か検討することを指します。

　自社のデータを分析されている方は、日頃の分析業務を通じてデータ調査をすでに行っているかもしれません。また、私たちのチームのようにお客様向けにサービス提供している企業の方の場合もダッシュボード構築や個別テーマに合わせたデータ分析に取り掛かる前にデータ調査を行っているかもしれません。そういった方にも参考になれば幸いです。

データ調査を行う利点

　データ調査の利点は三つあります。

　一つ目は、用いるデータをもとに実現可能性に配慮した設計内容になる、という点です。次のようなことを把握することができます。

- データはあるのか：データがなければ作れない
- データは正確なのか：データが正しくなければ誤解を生む
- 利用許可や環境構築など対応が必要か：使えなければ作れない

　分析要件を設計する前に、データの概要や使用可否だけでも把握できていると、設計のやり直しが起きずに済みます。

　二つ目は、データの課題が明確になることでダッシュボードの詳細設計を待たずして並行してデータの取得や処理を進めることができる点です。不足しているデータがあれば、社内のどこかにそのデータがないかを調査し、必要に応じて取得することも検討します。第6章で説明しますが、ダッシュボー

ドに使うデータとして事前に整備しておいたほうがよいものもダッシュボードの設計と並行してデータ準備の作業を進めることが可能になります。

　三つ目は、データや関連業務に対する理解も深まり、より業務に即したダッシュボードの設計が可能になる点です。自社向けに分析されている方は、データ調査のステップがなくても日頃の業務を通じてデータや関連業務への理解を深めているでしょう。しかし、私たちのチームのような、お客様向けにサービス提供している場合は、様々なデータやテーマに対した支援経験は多く有していても、業務内容の詳細はプロジェクトが始まってから知ることが多いです。そのため、ビジネス、データの理解度を上げるためにもデータを調査することは有効です。

データ調査の内容

　ここからは、データ調査の具体的な方法について解説します。データ調査には三つの階層があります。

① データソースレベルの調査
② テーブルレベルの調査
③ カラムレベルの調査

　データソースレベルの調査で業務に関連するデータの全体像を整理したのち、テーブルレベルの調査で各テーブルの仕様について精査します。最後に、テーブルのカラムレベルの調査によってテーブルに記録されているレコードの詳細な項目を確認します。このように、全体から個別具体のレイヤーへと順番に調査を進めます（図4.5.1）。

図4.5.1 ｜ 三つの階層に分けたデータ調査

ステップ ①　データソースレベルの調査　▶　ステップ ②　テーブルレベルの調査　▶　ステップ ③　カラムレベルの調査

データはダッシュボードに使われるだけでなく、個別テーマに合わせた分析、施策実行のためのデータ管理など用途が多岐にわたるため、全体管理の観点で日頃から調査・整備することが望ましいです。データマネジメントの詳細は本書では紹介しませんが、興味のある方はぜひデータマネジメント関連の書籍をご覧になってください。以降はダッシュボードプロジェクトを進める上で私たちのチームが取り組んでいる主なプロセスを紹介します。

私たちのチームは、ダッシュボードプロジェクト以外も支援させていただいているため、データ調査は全体管理の観点で行っていることが多いです。本書ではダッシュボードに関連した部分を紹介します。

データソースレベルの調査

まずは、保有するデータソースにどのようなものがあるかを整理します（図4.5.2、図4.5.3）。必要に応じて関係する別部門の方にもヒアリングすることもあります。

ダッシュボードに関係するデータとして何があるのか、使用可能なのかを知ることで用いることができるデータソースを判断できます。

図4.5.2 ｜ データソースの全体像

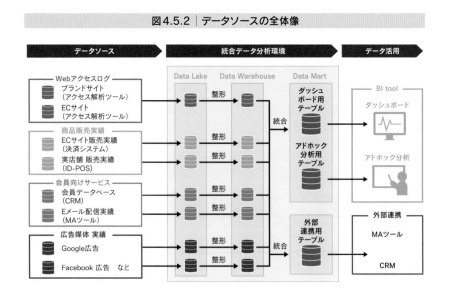

図4.5.3｜データソースレベルの調査票の調査項目

項目名	内容	記入例
①データソース名	データソースの名称	○○サービス Webアクセスログ
②提供する データの概要	データソースが提供するデータの概要	ユーザーごとのWebサイトにおけるページ閲覧履歴および、リンククリック・ページスクロールなどの画面操作の行動履歴
③データの 提供元	基幹システムや外部のサービスなどデータ提供元に関する情報	○○サービス
④データ記録開 始時期	最大でいつからのデータまで遡ったレコードを提供可能であるか	2022年5月3日
⑤データ利用可否 （BIツール接続 可否）	BIツールがデータを自動的に参照・最新のデータに更新する機能を有しているか	可能 データ連携にはAPIキー発行が必須 管理部門に○○サービスのアカウント発行を依頼
⑥管理部門 （管理者）	データソース提供元のシステム・サービスを管理・運用している部署や人材の情報	IT事業本部 運用者：○○
⑦仕様がわかる ドキュメントの 所在	データソースが提供するデータの仕様や、提供元のサービスの機能詳細が把握できる資料の有無と所在	・取得しているカスタムイベントの一覧 https://...... ・データのリレーションシップについては以下参照 https://......

　また、そのデータがどのようにいつから作られたのかを知ることで、「営業担当の手入力が中心で定義が各自バラバラ、精度が不確かもしれない」「最近のデータしか入っていない」といった内容を把握することができ、使うべきデータかどうかの判断がつくかもしれません。

　使いたいデータについて皆さんが全て理解しているとは限りません。そのデータのことを質問できる方や仕様がわかるドキュメントの存在は確認しましょう。

テーブルレベルの調査

　データソースレベルの調査の後はテーブルレベルの調査に進みましょう。ダッシュボードで利用する可能性の高いデータソースに絞り、それらのデータソースに対するテーブルの調査を行います。

テーブルレベルの調査で行うことは、データソースに含まれるテーブルの一覧化です。ここでは図4.5.4に示したテーブルレベルの調査票のうち、説明が必要と思われる③〜⑩について説明していきます。

図4.5.4 | テーブルレベルの調査票

項目名	内容	記入例
①データソース名	データソースの名称	〇〇サービス Webアクセスログ
②テーブル名	データソースが提供するテーブルの名称	web_traffic_by_user （ユーザー別webページ閲覧ログ）
③テーブルのタイプ	履歴を集積したテーブル（トランザクションデータ）かトランザクションデータに追加の情報を付与するテーブル（マスタデータ）	トランザクションデータ
④ユニークキー	レコード1行1行で値が異なる（＝ユニーク）条件がシステム的に遵守されているカラム	pageview_id
⑤データ記録開始日	最大でいつからのデータまで遡ったレコードを提供可能であるか	2016年5月3日
⑥レコード総数	現時点のレコード数の総量	2600万行
⑦1カ月間のレコード新規追加量	1カ月で新規に記録されるレコードの量	50万行/月
⑧更新頻度	データソースのデータの更新頻度 データベースにデータを集約する場合は、データベースのデータの更新頻度	日次 （午前2時更新）
⑨更新方法	データの更新は自動であるか手動であるか	自動更新（増分更新）
⑩レコード生成条件	テーブルのレコードが新たに生成される状況に関する説明	Webサイトのページにアクセスした際に自動で記録

● **③テーブルのタイプ**

テーブルがトランザクションデータなのか、マスタデータなのかテーブルのタイプに関する情報です。

- トランザクションデータ：その都度記録される出来事（イベント）を記録したデータ
  例：Webページ閲覧履歴、商品購入履歴、毎日の気温など
- マスタデータ：テーブルの中でレコードを一意に特定することができる値を持ち、トランザクションデータに追加の情報を付与することができ

るデータ
　例：会員情報、Webページのコンテンツ情報、商品情報など

　例えば、トランザクションデータの商品購入履歴のデータには商品のIDは入っていても商品名は入っていないケースがあります。商品別の分析をしたい、商品名がわかるようにしてほしい場合はマスタデータと紐づける必要があります。ダッシュボードで実現したいことに応じて、用いるテーブルの選択、テーブル間の関係性を整理しましょう。

● ④ユニークキー
　各テーブルのユニークキーの情報です。ユニークキーとは、そのテーブルの各レコードを一意に抽出するために使用するテーブルのカラムです。例えば、会員登録履歴であれば顧客ID、商品購入履歴であれば決済番号などがユニークキーにあたります。
　データマート作成の過程でテーブルの集計処理を行う際などに、ユニークキーを意識して集計処理の内容を設計することが多いです。そのためデータ調査項目に入れています。

● ⑤データ記録開始日
　データソースレベルの調査でもデータ記録開始時期を調査していますが、実際にはテーブルごとに開始期間が異なることが多いです。そのため、テーブルレベルでも開始時期の調査を行います。

● ⑥レコード総数、⑦1カ月間のレコード新規追加量
　テーブルのデータの量、特にレコード数は最終的なデータマートの構造やダッシュボードの設計に大きな影響を与えます。せっかくダッシュボードを構築してもデータの量によっては描画に時間がかかる可能性があります。
　インターネット上のクラウド環境にダッシュボードを格納（パブリッシュ）し、ユーザーはクラウド環境にあるダッシュボードを閲覧する場合は、クラウド環境を提供しているサーバーの処理能力にダッシュボードの処理能力は依存します。サーバーに多大なコストをかけている企業を除き、多くのケースではユーザー一人一人に提供される処理能力はそこまで大きくないのです。

そのような背景から、ダッシュボードの詳細設計やデータマートの設計において、テーブルのデータ量は重要な情報です。レコード数が課題になる場合は、データマート構築にあたってデータを小さくする（特定条件を満たすレコードのみ抽出する、レコードの情報粒度を荒くする、テーブルを分割する、など）処理の実装を検討します。また、それに応じてダッシュボードの要件を変更することを検討する必要も出てくるでしょう。詳細は第6章で解説します。

● ⑧更新頻度、⑨更新方法、⑩レコード生成条件

テーブルの更新頻度やレコードが生成される条件についての情報です。リアルタイムや日次で更新されるのであれば、毎日最新のデータをダッシュボードに連携できます。週次の場合はダッシュボードの更新が最も早い更新でも週次になります。用いることができるデータの更新頻度とダッシュボードの要件が合っているかを確認しましょう。

また、テーブルの更新方法も整理しておくことが望ましいです。例えば、最新データに全件更新されるテーブルの場合、過去のデータを別途保管しないと変化を追えなくなることがあります。データの用途や利用者は様々なため、ダッシュボードでの利用まで想定したデータマネジメントは困難です。ダッシュボードプロジェクトで最適なデータを用意する必要があります。

データ生成条件に関する情報を整理する際は、「誰が、どこで、どのようなときに、どんな行動をするとレコードが記録されるのか」を意識して、記述すると有益な情報になります。例えば、「ECサイトに訪問した顧客が（誰が）、商品詳細ページで（どこで）、カート追加ボタンをクリックしたときに（どのようなときに・どんな行動で）レコードが生成される」のように包括的にまとめておくと、そのテーブルの仕様に詳しくないプロジェクトメンバーの理解の助けになります。

カラムレベルの調査

最後にカラムレベルの調査を行います。テーブルは行と列で構成されており、カラムとは列のことを指します。

カラムレベルの調査では大きく分けて次の2種類の調査を行います。

① テーブルごとのカラム一覧

② 各カラムの値の一覧

　どのようなカラムでテーブルが構成されているかを調査することは、テーブルの仕様を詳細に把握することに繋がります。工数の面から、一つ一つのカラムを詳細に確認することは難しいと思いますが、カラム一覧としてざっと構成を確認する程度の調査はしておきましょう（図4.5.5）。

　以降では、データ型が数値・文字列のカラムと欠損値について、解説します。

図4.5.5｜カラムレベルの調査票

項目名	内容	記入例
①データソース名	データソースの名称	○○サービス Webアクセスログ
②テーブル名	データソースが提供するテーブルの名称	web_traffic_by_user （ユーザー別Webページ閲覧ログ）
③カラム名	カラムの名称	page_tilte（ページタイトル）
④データ型	数値型・文字列型・日付型のどれであるか	数値（整数値）
⑤値の特性	（データ型が数値の場合） 最大値・最小値・中央値	最大：10, 最小：1, 中央値：2.1
	（データ型が文字列の場合） 文字列の種類数	252種
⑥欠損値の割合	全レコードのうちカラムの値が欠損しているレコードの割合	4.30%

● **データ型が数値**

　データ型が数値のものの中には、KGIやKPI、主要なモニタリング指標になるカラムが存在します。その場合、カラムの値の分布に関する情報として最大値・最小値・中央値を調べます。異常値が含まれていないか、値の単位が数値通りか（表示桁数の設定上、1000を1とするなど割られた数になっていないか）なども確認します。

　一方で分類情報などを数値化してコードとして記録しているカラムがあります。コードとは、商品カテゴリの情報を「1＝文房具、2＝書籍、3＝玩具」

のように数値などの代替値で記録されている情報のことです。この場合、データ型は数値になりますが、最大値などの値の分布情報を計算する意味がないため、計算する必要はありません。代わりに、コードがどのような意味を持ったデータであるかを調査しましょう。

● データ型が文字列

データ分析において、文字列のカラムの多くは集計結果を比較するための比較軸の候補になります。文字列のカラムに企業名や住所があったとします。それらをカウントすると、数多くの企業や住所の種類があることがわかります。企業ごとの細かな傾向を見るケースもあると思いますが、業界別や企業規模別、所在エリア別などを知りたい場合、カラムに入っている情報そのままでは使えないケースがあります。

分析において比較軸となる情報の粒度を把握することは非常に重要です。例えば、テーブルのカラムに「市区町村レベルの住所」しかない場合、テーブルを加工するかBIツールの機能で値を統合させるなどして、「地域」や「都道府県」のカラムを用意する必要があります。

データ加工のためにどのような方法を採るにしても、そのデータが分析の目的に適した情報の粒度であるか、データ加工の必要性をチェックしましょう。

● 欠損値の割合

カラムレベルの最後の調査項目は欠損値の割合です。欠損値はカラムの値が何らかの理由で取得できない際に記録される値のことで、NULLのような特殊な値や、文字列であれば " のように空の情報が入力されることが多いです。欠損値の割合とは、全レコード数に対して、この欠損値を持つレコードがどれだけあるのかということです。

分析に利用できそうなカラムがあったとしても、欠損値の割合があまりにも大きい場合は、使用を断念せざるを得ないことが多いです。断念するかどうかの目安はテーブルのレコード数や分析の目的によって変わるので都度判断が必要ですが、欠損値の割合を確認せずにカラムの値が一切の欠損もなく完全に値が入ったテーブルが提供されていると楽観的に捉えるのは危険です。いざ分析しようとした際に、実はほとんどのレコードが欠損値だった、ということにならないように一度確認しておくほうがよいです。

第5章

ダッシュボードデザイン

5

5.1

ダッシュボードデザインの概要と全体像

この章で説明すること

　ダッシュボード設計の工程は、大きく分けると「ダッシュボードの分析設計」と「ダッシュボードのデザイン」の二つあり、前者は第4章で解説しました（図5.1.1）。本章では、「ダッシュボードのデザイン」について次の5点を解説します。

① ダッシュボードのデザインの特徴や作業ステップ
② テンプレートデザイン
③ レイアウトデザイン
④ チャートデザイン
⑤ インタラクティブ機能デザイン

図5.1.1 ｜ ダッシュボード構築プロジェクトの全体像

要求定義・要件定義 → ダッシュボード設計 → データ準備 → ダッシュボード構築 → 運用・レビュー・サポート

この章で扱うフェーズ

ダッシュボードのデザインの特徴

　近年ではデータビジュアライゼーションに関する書籍が出版され、データ可視化あるいはデータ視覚化という言葉を多くの方が使うようになりました。皆さんの中にも、ダッシュボード構築の際はチャートのデザインに配慮しているという方は少なくないと思います。

データビジュアライゼーションにおいて大事なことは、「**データを見る人が、映し出されているデータを正しく読み取れるようデザインすること**」です。そのためには、最適な伝え方（チャートの種類・色の選び方、文字の大きさ、理解するのにノイズになるような無駄な装飾をなくすなど）を選ぶ必要があります。紙面の都合上、本書ではデータビジュアライゼーションに関する解説は必要最小限としています。データビジュアライゼーションについて興味がある方は、関連する書籍を参照してください。

さて、ダッシュボードもデータビジュアライゼーションですので、先述の内容は共通して重要な要素です。ダッシュボード特有の要素として次の2点が挙げられます。

- ダッシュボードは複数のチャートによって構成される
- ダッシュボードはインタラクティブ（動的）である

● ダッシュボードは複数のチャートによって構成される

ダッシュボードは多くの場合、複数のチャートによって構成されています。そのため、ダッシュボードのデザインでは、チャート一つ一つのデザイン（チャートの種類、大きさ、データの粒度など）だけでなくチャートの配置（見せる順番やチャート間の関連性がわかる並べ方など）など、他のチャートとのバランスを見て検討することが重要です。**加えて、複数のチャートを組み合わせた「チャート群」のデザイン、その先のダッシュボード全体のデザインも求められます。**

● ダッシュボードはインタラクティブ（動的）である

ダッシュボードでは集計対象のデータをユーザーの任意の条件で限定するフィルターや、棒グラフの一部分や散布図の点など特定の条件を満たす項目を強調表示するハイライトなどの機能により、ユーザーが集計結果やチャートの描画内容をインタラクティブに操作できます（図5.1.2）。これらの機能を有効に活用するためのフィルターやボタンのデザインなどもダッシュボードのデザイン要素に含まれます。

図5.1.2 | ダッシュボードはインタラクティブ (動的) である

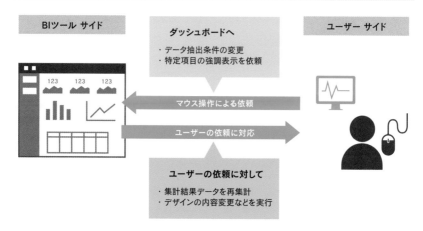

ダッシュボードデザインの作業ステップ

「データを見る人が、映し出されているデータを正しく読み取れる」ダッシュボードのデザインとはどのような状態のものでしょうか。主要なものとして図5.1.3の四つを挙げます。また、その目指す状態を実現するために、取り組むべき作業ステップが四つあります。

以降の節で作業ステップに沿って、それぞれ解説します。

図5.1.3 | ダッシュボードデザインの目指す状態とステップ

ダッシュボードデザインの目指す状態		作業ステップ	
1	どこにどのような情報があるのか、情報の構造がわかりやすい	1	テンプレートデザイン
2	どのチャートを見れば良いのかが判断しやすい	2	レイアウトデザイン
3	知りたいことをチャートから読み取りやすい	3	チャートデザイン
4	知りたいことの理解を深めやすい	4	インタラクティブ機能デザイン

5.2

テンプレートデザイン

テンプレートデザインの重要性

ダッシュボードは一つではなく、複数構築・運用することが多いです。当初は一つであったとしても、構築・運用するうちにニーズが発生し、追加することも少なくありません。

そのため、初めにダッシュボード共通のレイアウトやデザインルールを整理したテンプレートをデザインすることが重要です。テンプレートがあることで、複数のダッシュボードを構築する際に効率的であるだけでなく、体裁や見た目、配色などが統一され、ユーザーにとって使いやすいダッシュボードを構築できます。

テンプレートデザインで実施することは次の3点です。

①ダッシュボードサイズの設定
②ワイヤーフレームの作成
③配色ルールの決定

ダッシュボードサイズの設定

ダッシュボードは、様々なデジタル端末で閲覧が可能です。閲覧する端末が異なれば、ダッシュボードの最適な縦幅・横幅も異なります。また、ダッシュボードに配置するチャートの数やダッシュボードのユーザーにどのように使ってもらうかによっても最適な縦幅・横幅は異なります。そのため、ダッシュボードを使用する端末やダッシュボードの用途を考慮してサイズを決定する必要があります。

ダッシュボードのサイズで最も重要な事項は「ダッシュボードを1画面に収まるようにするか、1画面以上の縦長にするか」です（図5.2.1）。

図5.2.1 | 1画面ダッシュボードと縦長ダッシュボードのイメージ

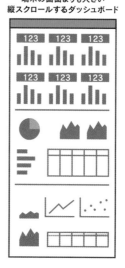

1画面ダッシュボードは利用するデジタル端末の画面サイズと同じか、それよりも小さいダッシュボードです。そのため、掲載できる情報の量は画面サイズによる制限を受けます。複数のテーマについて確認が必要な場合は、複数のダッシュボードを行き来しながら分析することが多いです。

縦長ダッシュボードは、縦にスクロールをしながら閲覧することを前提としたダッシュボードです。こちらも複数のダッシュボードを行き来しながら分析することがありますが、1画面ダッシュボードと比べて情報を多く掲載できるため、一つのダッシュボードで完結することも多いです。

ここからは1画面ダッシュボードと縦長ダッシュボード、それぞれの特徴や適したケースを解説します。

● 1画面ダッシュボード

1画面ダッシュボードは、画面サイズに制限がありますが、ユーザーが見るデータも少なくて済みます。そのため、**一覧性を求めるダッシュボードや短い時間で内容を理解できることが重要なダッシュボードに向いています。**例

えば、全体サマリーダッシュボードや、テーマ別ダッシュボードの重要指標を中心に集約しモニタリングを目的としたものが適しています。

　一方で、情報が少ないため、深い分析には不向きです。ダッシュボードの枚数を増やすことで、ある程度は対応できます。しかし、枚数が多くなるとダッシュボードの行き来が増え、使いづらくなります。その場合は、縦長ダッシュボードにしたほうがよいでしょう。

● 縦長ダッシュボード

　縦長ダッシュボードは情報を増やすことができ、分析するテーマに関連する内容を一つのダッシュボードで完結させやすいです。そのため、**分析にストーリー性（データを読み取る順序）を求めるダッシュボードに向いています。**例えば、テーマ別ダッシュボードや詳細分析ダッシュボードが適しています。データ分析をする順序に合わせて上から下へとチャートを配置することで、ダッシュボードのユーザーも上から順にチャートを読み、データ分析を迷わずに進められます。

　一方で、情報が多い点や、1画面ダッシュボードに比べてダッシュボードに取り入れる要素の自由度が高まる点から、ダッシュボードの設計・構築が複雑になりやすく、かつユーザーがダッシュボードのデータを理解するための時間もかかります。先述の通り、主要なデータだけパッと見て理解したい場合は1画面ダッシュボードが向いています。

● 縦長ダッシュボードの縦幅の上限

　縦長ダッシュボードの縦幅はBIツールの仕様次第でいくらでも大きくできます。とはいえ、使いやすさを考えると閲覧する端末の縦幅を基準として3画面分を上限とすることをおすすめします。

　縦幅があまりにも大きい場合、ユーザーはデータ分析のために多くのスクロールを要します。また、スクロールする距離が長ければ長いほど、目当てのチャートを発見しづらくなります。分析要件が多く、3画面を大きく超えることが予想される場合はダッシュボード詳細設計書を見直し、分析要件を減らすか複数のダッシュボードに分割することを検討してください。

ワイヤーフレームの作成

　ダッシュボードのサイズが決まったら、ワイヤーフレームを作成します。ワイヤーフレームとは「画面のどこに、何を配置するのか」を整理した設計図のようなものです。

　ワイヤーフレームはプロジェクト関係者とのダッシュボードデザインレビューに用いる他、ダッシュボード構築者へ構築依頼をする際にもデザインのイメージ共有に役立ちます。

　図5.2.2はワイヤーフレームの完成イメージです。テンプレートデザインの段階では、次節で説明するように、大枠の構成をワイヤーフレームに書き起こします。その後、レイアウトデザイン、チャートデザインのステップで、それぞれ検討した結果を追加し、最終的に図5.2.2のように仕上げます。ワイヤーフレームへの加筆の仕方は、各ステップで解説します。

図5.2.2｜ワイヤーフレームのイメージ

● 画面構成をワイヤーフレームとして整理

ダッシュボードの画面構成を整理してワイヤーフレームに書き出します。ダッシュボードは、図5.2.3のように四つの要素に分かれます。

これら四つの要素をダッシュボードのユーザーが使いやすいように配置します。図5.2.4は、その例です。

図5.2.3 | ダッシュボードの構成要素

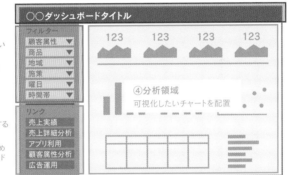

①ダッシュボードタイトル
ダッシュボードの目的や分析要件をイメージできるもの
○○ダッシュボードタイトル
②フィルターエリア
集計するデータに制限をかけたい場合に用いる
例：特定地域の集計結果を見るなど
③ダッシュボードリンク
関連するダッシュボードに遷移する場合に用いる
例：売上実績を見て、詳細を知るために売上詳細分析のダッシュボードに遷移など
フィルター
顧客属性
商品
地域
施策
曜日
時間帯
リンク
売上実績
売上詳細分析
アプリ利用
顧客属性分析
広告運用
123
123
123
123
④分析領域
可視化したいチャートを配置

図5.2.4 | 四つの要素の配置例

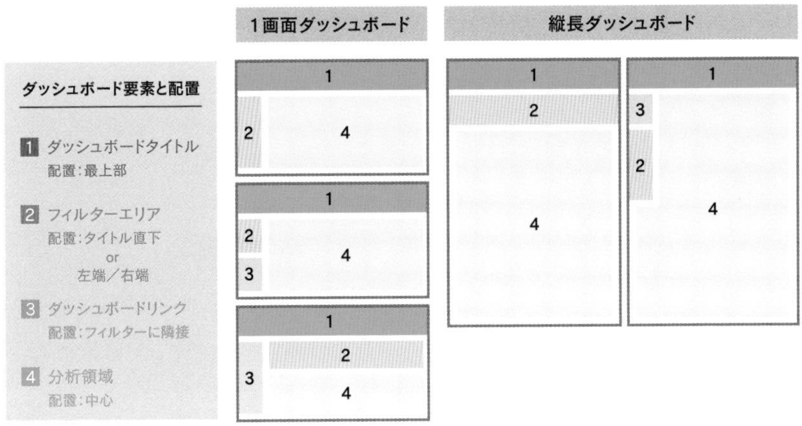

1画面ダッシュボード
縦長ダッシュボード
ダッシュボード要素と配置
1 ダッシュボードタイトル
配置：最上部
2 フィルターエリア
配置：タイトル直下
or
左端／右端
3 ダッシュボードリンク
配置：フィルターに隣接
4 分析領域
配置：中心

ダッシュボードタイトルは基本的にダッシュボードの最上部に配置します。ダッシュボードの閲覧時に、ユーザーが最初にタイトルを確認できるためです。

フィルターエリアは分析領域に近接して配置します。ダッシュボードタイトルの下か、画面の左端か右端に配置することが多いです。

ダッシュボードリンクは、データ分析には直接的に関係しないため、分析の邪魔にならない場所に配置します。フィルターを左端・右端に配置する場合はそれに並べて配置するとよいでしょう。

分析領域は最も重要なので、ダッシュボードの中央部分に配置します。

配置の詳細については、次の**5.3**で解説します。

配色ルールの決定

テンプレートのデザインの段階で、配色ルールも決定します。配色ルールに沿ってテンプレートの各要素やチャートのデザインを行うことで、ダッシュボードの各要素の色を揃えることができます。色が揃っていることは、ユーザーがデータ分析に集中できる環境を提供することに繋がります。

また、チャートの配置やデザインにおいて、特定の要素をあえて基本の配色と異なる色にすることで、特別な意味を持たせることも可能です。

デザインをすっきりさせながらも、表現の幅を広げるために、テンプレートのデザインで配色ルールを決めることは重要です。紙面の都合上、配色の理論について詳細には解説できませんが、最低限必要な内容を紹介します。

● 配色ルールの整理

配色ルールは、メインカラー、ベースカラー、アクセントカラーの三つの色を決めます（**図5.2.5**）。

図5.2.5 | 配色ルールとダッシュボードのイメージ

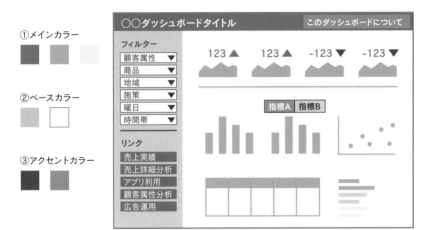

① メインカラー

② ベースカラー

③ アクセントカラー

● メインカラー

　ダッシュボードのタイトルやチャートのタイトル、チャート部分など、ダッシュボードの構成要素の多くに使われる色です。コーポレートカラーやブランドカラーを選ぶ場合が多いです。

　ただし、メインカラーに赤系や黄色系の一般的に刺激が強い（脳が疲れやすい）色を選択した場合、データ分析に集中できないデザインとなる可能性もあります。そのため、一概にコーポレートカラーやブランドカラーを選択する必要があるとは言えません。

　メインカラーには、青系や緑系の色を推奨します。落ち着きのあるデザインとなり、色のバランスを調整しやすいです。

● ベースカラー

　ダッシュボードの背景色です。淡い色を選択することが多いです。背景を暗いものにし、文字やチャートを蛍光色にする組み合わせもありますが、色の調整が難しいため淡い色をベースカラーとすることをおすすめします。

　こだわりがなければ白色にするか、淡い灰色・ベージュ・水色・緑色などをメインカラーとの相性を考えた上で選択するとよいでしょう。

● アクセントカラー

　特定の要素を目立たせたい場合に使用します。ダッシュボードでは画面端の注釈や参考資料へのリンク、インタラクティブなボタンやチャートのタイトルを目立たせたい場合にアクセントカラーを使用することがあります。

　アクセントカラーはメインカラーやベースカラーと大きく異なる色を選び、全体のデザインから目立つようにします。メインカラーには青色などの寒色系の色を選ぶことが多いため、アクセントカラーは赤色やオレンジ色など暖色系の色を選ぶことが多いです。

　アクセントカラーを使う箇所が多いと、どこを見たらよいかわかりづらくなりがちです。アクセントカラーは必要がなければ使用せず、使用する場合は画面全体の数パーセント程度の面積に収まる範囲にするとよいでしょう。

● 配色ルールの組み合わせ例

　メインカラーはベースカラー（背景色）と色が衝突しない（目がチカチカしない）ように選択します。例えばベースカラーが水色などの青系の場合に、メインカラーを赤系にすると背景との色の差が大きくなりすぎて違和感のあるデザインになります。

　また、メインカラーとベースカラーの明度や彩度が近すぎる場合も注意が必要です。ベースカラーが薄い水色のときにメインカラーも薄めの青色とした場合、色の差が小さすぎてダッシュボードのデザインがぼやけたものになってしまいます。実際にダッシュボードをデザインするときは色の組み合わせを試行錯誤して、丁度良いバランスとなる色を選びましょう（図5.2.6）。

　図5.2.7に配色の例を掲載します。あくまで一例ではありますが、参考にしてください。

図5.2.6｜メインカラーとベースカラーの組み合わせの良い例・悪い例

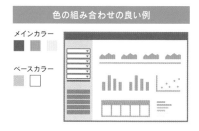

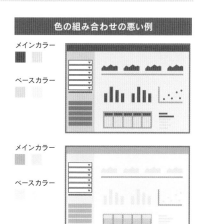

図5.2.7｜配色の例

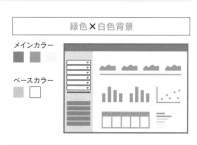

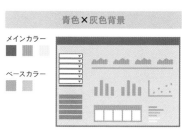

● 比較軸や数値の状態の配色ルールを決める

　後述のチャートデザインを行う際には、比較軸ごとの色使いや、数値の状態（良い状態・悪い状態や異常値）に応じた配色のルールも追加します（図5.2.8）。

　ダッシュボードに掲載している情報やチャートが示している内容に応じて配色を統一することは、ダッシュボードのユーザーがデータを円滑に理解するために重要です。

　図5.2.8の例で考えると、商品カテゴリの色のルールが統一されていれば、どのチャートでも「青は家具」としてデータを読み取れます。数値においては、「赤なら目標値より小さい、問題かどうかを考えよう」とユーザーの意識を集中させることも可能です。

図5.2.8 ｜ 比較軸や値による配色

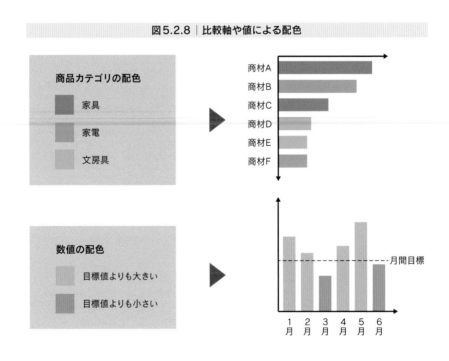

5.3

レイアウトデザイン

デザイン作業と並行して詳細設計書を加筆・修正する

テンプレート作成後は、レイアウト（チャートの配置）を決めるステップに入ります。後述しますが、このステップはデザインの視点はもちろんのこと、データ分析の視点からも最適なレイアウトを考える必要があります。

レイアウトと、次節のチャートのデザインのステップは、第4章で取り上げたダッシュボード詳細設計書の内容を加筆・修正しながら進めます（図5.3.1）。各ステップの作業に入る前に、分析要件の設計者と分析要件の認識をすり合わせます。レイアウトやチャートデザインの作業中も必要があれば都度議論しましょう。

図5.3.1｜ダッシュボード詳細設計書の記入対象項目

● : 要件を決定
○ : 要件の一部のみ決定、加筆修正

項目名	要件定義 （第3章）	分析設計 （第4章）	デザイン （第5章）	データマート構築 （第6章）
①ダッシュボード名	●	-	-	-
②チャートエリア名	-	-	●	-
③チャートの役割	-	●	○	-
④チャートの指標	○ （主要な指標の 一覧作成）	●	-	-
⑤チャートの比較軸	○ （主要な比較軸 の一覧作成）	●	-	-
⑥チャートの形式	-	-	●	-
⑦フィルター要素	-	●	○	-
⑧データマート	-	-	-	●
⑨指標の計算ロジック	-	○	-	●
⑩指標の目標値設定	●	○	-	-

視線の流れを意識した配置

　ユーザーがダッシュボードを閲覧したときの視線の流れについて解説します。視線誘導のパターンはいくつか存在しますが、Webサイトやアプリの画面設計でよく用いられるZ型やF型の視線誘導の考えを用いるとよいでしょう（図5.3.2）。

　1画面ダッシュボードであれば、Z字を書くように視線誘導させるZ型。縦長ダッシュボードの画面であれば、F字を書くように視線誘導させるF型がおすすめです。 チャート配置を考えるとき、このようにユーザーの視線の動きを意識すると使いやすいダッシュボードになるでしょう。

　視線の流れに応じたチャートの配置ルールは次の2点です。

①重要なものほど、優先して視認される位置に配置（左上や中央）
②視線の動きと分析の順番が一致するように配置

　1画面ダッシュボードのとき、この2点は多くの場合は一致します。そのため、重要度の高い順にZの順番に沿ってチャートを配置しましょう（図5.3.3）。

　縦長ダッシュボードはダッシュボードサイズが大きく、多くのチャートを配置できます。そのため、縦長ダッシュボードは分析に必須である重要度の高いチャートも補足的な役割を持つ重要度の低いチャートも配置されることが多いです。

　ここで問題になるのが「重要度は低いが、分析の順番（チャートの並び）としては初めのほうにあったほうがよいチャート」の配置です。先ほどの「視線の流れに応じたチャートの配置のためのルール」の、①と②の両方を満たした配置ができなくなります。

　このような場合、重要度の高いもの・低いものを混ぜて、最適な場所に配置する必要があります。F型で配置を考えるだけでは解決できません。縦長ダッシュボードのチャート配置について、次項でさらに解説します。

図5.3.2 | 視線の流れ

1画面ダッシュボード

左上から右下へ
Z字に視線が動く

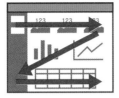

縦長ダッシュボード

上から下へ
F字に視線が動く

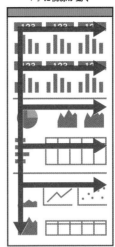

図5.3.3 | 1画面ダッシュボードのチャートの配置

1画面ダッシュボードの視線の流れ

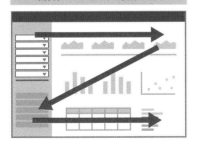

分析の順番と配置されるチャートの重要度

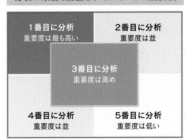

縦長ダッシュボードのチャート配置の設計方法

縦長ダッシュボードの場合、複数のチャートを一つのグループとするチャートエリアという考え方を導入し、「チャートエリアはF字に配置、チャートエリア内のチャートはZ字に配置する」方法を推奨します。縦長ダッシュボードのチャート配置の設計について、三つのステップに分けて解説します。

＜縦長ダッシュボードのチャート配置の設計ステップ＞
①分析要件をチャートエリアとして統合
②分析の流れに合わせてチャートエリアをF字に配置
③チャートエリア内のチャートはZ字に配置

● ①分析要件をチャートエリアとして統合

チャートエリアを考える際、「分析上の役割が類似している分析要件を一つのグループにまとめる」ことをおすすめします。データビジュアライゼーションにおいてこのような名称の概念はありませんが、本書で解説しているダッシュボードデザインでは便宜的にチャートエリアと呼びます（図5.3.4）。

一つ一つの分析要件を分類しチャートエリアへまとめることで、個別の分析要件という「点の分析」を複数の分析要件による「面の分析」に捉え直すことができます。そして、チャートエリアの単位で配置を考えることで、分析の流れを損なわずにユーザーの視線にも配慮したダッシュボードデザインになります。

図5.3.4 | 分析要件をもとにチャートエリアを定義する

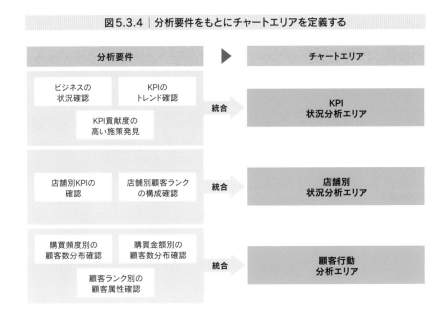

● ②分析の流れに合わせてチャートエリアをF字に配置

　分析要件をもとにチャートエリアをまとめた後は、ダッシュボードにチャートエリアを配置します。**チャートエリアはダッシュボードにおける分析の流れとその順序を意識して配置します。**

　チャートエリアの単位では抽象度が高すぎて、分析の流れが明確に思い描けない場合は、一度、チャートエリアの単位を忘れて、ユーザーの分析の流れを図解するとよいです。一例として、分析における問いの変化を図5.3.5で紹介します。

　図5.3.5では、初めに「KPIの数値状況は順調か？」という現状把握の問いから分析がスタートします。そして次に「利益率が低下しているが、その原因は何か？」と課題特定の問いに続きます。そこで、原因は都心エリアの店舗の利益率低下にあることがわかり、さらに「都心エリアの利益率が低下している理由は何か？」と分析を深めています。このようにダッシュボードのユーザーの問いの変化の例を書き出し、分析をシミュレーションし、ユーザーがどのようにダッシュボードを使用し、分析を進めるのか理解します。

図5.3.5 | 分析の流れを図解する

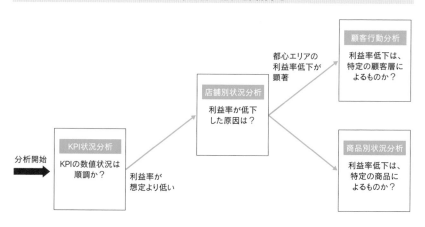

　分析の流れの図解は、問いや問いに対する回答に応じて様々なパターンが想定できます。時間に余裕があれば、一つだけでなく複数のパターンを考え、幅広い視点で分析のシミュレーションを行うとよいでしょう。そうすることで分析への理解が深まり、ダッシュボード詳細設計書に不足している分析要件を発見することにも繋がります。

　分析の流れを図解できたら、図解の内容とチャートエリアの分析内容の対応関係を確認しながら、チャートエリアをF字に配置します（図5.3.6）。

図5.3.6 | 分析の順序を考慮してチャートエリアを配置する

● ③チャートエリア内のチャートはZ字に配置

チャートエリアの配置を決めたら、各チャートエリア内にチャートを配置します。チャートの配置はチャートエリア内における分析の順番や分析の重要度を考慮して行います。**基本的には1画面ダッシュボードのようにZ字に配置するとよいでしょう。**縦方向に細長いチャートエリアの場合は上から下の順序で、横方向に細長いチャートエリアは左から右への順番でチャートを配置します（図5.3.7）。

図5.3.7 | チャートエリア内のチャートはZ字に配置

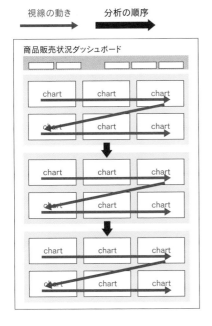
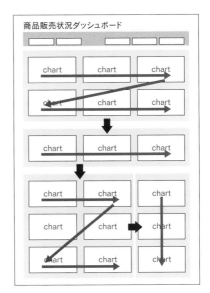

● チャートの配置内容をワイヤーフレームに追記

チャートの配置が決定した後は、テンプレートデザインのステップで作成したワイヤーフレームに、チャートエリアと、チャートエリア内のチャートの情報を追記します。

レイアウト・チャート配置に関するデザインTIPS

　ここからは、ダッシュボードデザインをさらに良くするための補足的ないくつかのテクニックを紹介します。

● グリッドレイアウトを意識したデザイン

　チャートエリアの配置や大きさを検討する際は、グリッドレイアウトを意識して配置すると画面全体で統一感のあるすっきりしたデザインになります（図5.3.8）。グリッドレイアウトはWebサイトのデザインや雑誌・書籍のデザインなどで用いられることも多い、デザイン手法の一つです。

図5.3.8 │ グリッドレイアウトのイメージ

グリッドレイアウト

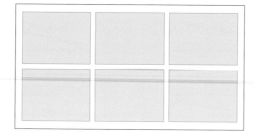

　グリッドレイアウトでダッシュボードデザインをする際は、前述したテンプレートの分析領域をいくつの列と行でグリッドに分けるか決めます（図5.3.9）。

　分析領域を2列で分けた場合や3列で分けた場合など、複数パターンを作成してレイアウトの当てはまりが良さそうなものを選択します。グリッドの列が増えるとレイアウトの自由度が増えますが、デザインの難易度も上がります。

　列を作成した後は分割した列の間に余白を入れます。さらに、列と同じように行方向にも分析領域を分割し、列と同じ大きさの余白を行方向にも入れます。

図5.3.9 | 分析領域を複数の行列で分割

step1
分析領域を均等に複数列に分割する

商品販売状況ダッシュボード

step2
分析領域を均等に複数行に分割する

商品販売状況ダッシュボード

このようにしてグリッドを作成し、グリッドのマス（ブロック）をベースにチャートエリアの配置やチャートの配置を考えます。この際、チャートの大きさはブロック単位で収まるように整えましょう（図5.3.10）。均等もしくはブロックのサイズの定数倍に設定すると綺麗に並んで見えます。

図5.3.10 | チャートの配置は均等幅での配置を原則とする

step3
ブロック単位でチャートエリアを定義

商品販売状況ダッシュボード

チャートエリア1

チャートエリア2

チャートエリア3

step4
チャートの大きさ・配置もブロック単位で設計

チャートエリア

| chart | chart | chart |
| chart | chart | chart |

チャートエリア

| chart | | chart |
| chart | chart | |

● 領域に見出しをつける

見出し（タイトル）によって領域を分割します（図5.3.11）。こうすることで情報に区切りが生まれ、それぞれが別のエリアであることを示せます。さらに、見出しを読むことで、そのエリアにどのようなデータがあるのかを容易に把握できます。

図5.3.11｜領域に見出しをつけている例

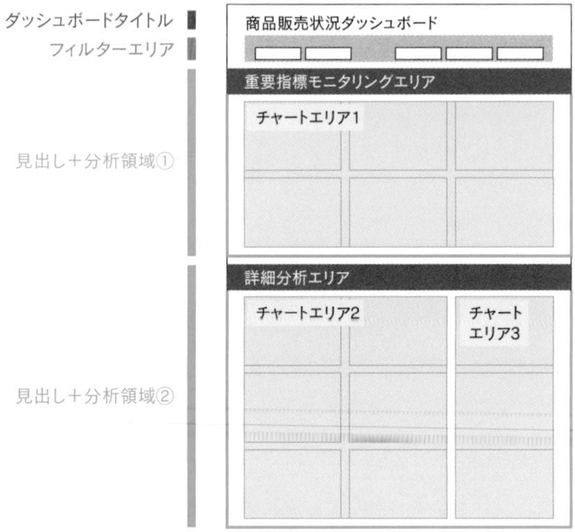

● 領域の境界をデザインで明確にする

フィルターエリアやチャートエリアの領域の境界がはっきりとわかるようにデザインするテクニックは三つあります（図5.3.12）。

① 余白を大きく取る
② チャートエリアを塗りつぶす
③ 罫線で区切る

これらのテクニックはどれを選択してもよいですが、ユーザーに与える情報の量の印象と構造の明快さが異なります。視覚的な情報を増やさずになんとなく領域が分かれていることをユーザーに伝えるのであれば、①の余白に

よる方法が向いています。しっかりと領域が分かれていることを伝えたいときは、②のチャートエリアを塗りつぶす方法や③の罫線を用いる方法を採用するとよいでしょう。ダッシュボードの画面全体のデザインのバランスや情報の量を踏まえて、煩雑にならず、かつ、ユーザーが構造を読み取るのに十分なデザインを検討してください。

図5.3.12 | チャートエリアを明確にするデザイン

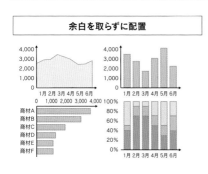

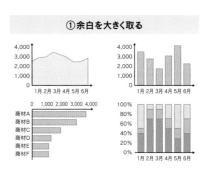

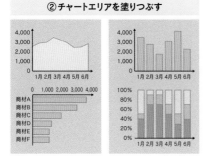

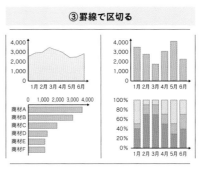

● 要素を近接させることで関連性を表現する

　関連する要素を近接させることで、要素をグループ化します。グループの区分を明確にでき、ダッシュボードのユーザーが情報の関連性を把握しやすい構造にできます。

　例えば、図5.3.13では指標の数値と棒グラフを近接させて一つのグループとして表現しています。

図5.3.13 │ 関連性の強いチャートは近接させる

● チャートの配置に構造的な意味を与える

　ダッシュボードでは、指標や比較軸が異なるデザインの類似した複数のチャートを連続して配置することがあります。要素を繰り返すことをデザインでは「反復」と呼びますが、ダッシュボードデザインにおいてもユーザーにとって分析しやすいチャートの反復を意識することで、より良いチャート配置になります。

　図5.3.14では、売上・利益・販売個数といった三つの指標で、3列にチャートが配置されています。一方、横方向に見ると、上に時系列推移のチャートが、下に商材別のチャートが配置されるルールになっています。

　この図のように、要素の配置に構造的なルールを持たせることで、チャートが示すことをユーザーが理解しやすくなります。

図5.3.14 | チャートの配置に構造的な意味を持たせる

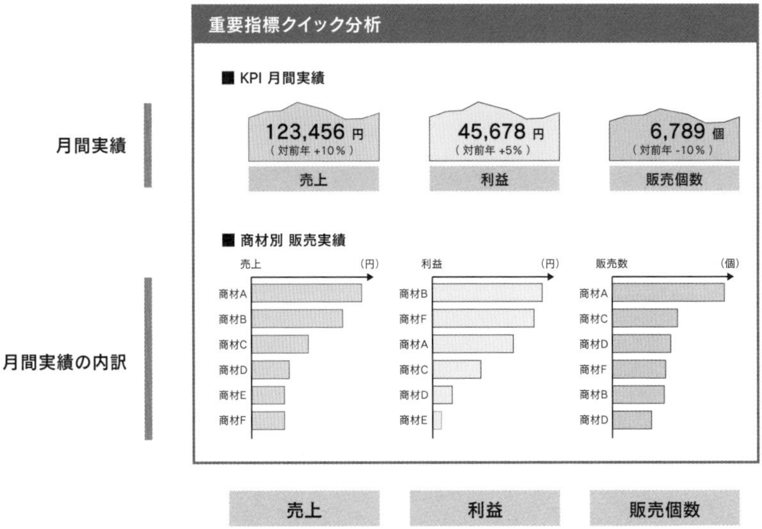

● **テキストの大きさに変化をつける**

　ダッシュボードには、ダッシュボードのタイトル、チャートエリアのタイトル、チャートのタイトル、チャートのデータラベル、注釈と様々なテキストが存在します (図5.3.15)。これらのテキストのサイズに変化をつけることで、テキストに大見出し・中見出し・小見出しのようなデザインの構造を表現できます。

図5.3.15 | テキストサイズに変化をつける

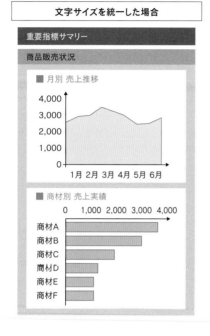

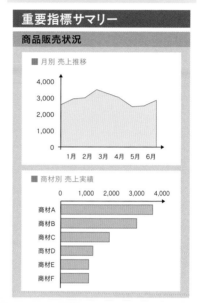

● チャートの大きさに変化をつける

　チャートの大きさに変化をつけることもダッシュボードのデザインにメリハリをつける有効な方法です。大きいチャートは目につきやすく注目を集めますし、重要な情報であるという認識をユーザーに持たせます。また、大きいチャートを先に見てから小さいチャートを見るという、視線の誘導が可能です。

　チャートの大きさに変化をつける方法は、**図5.3.16**のように主要な指標のチャートとその他の補足的な情報のチャートをセットで描画したいときなどに向いています。

図5.3.16 | チャートの大きさに変化をつける

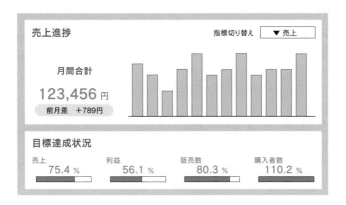

また、チャートのサイズだけでなく、チャートの情報の密度に変化をつけることもメリハリのあるデザインにするために有効な手法です（図5.3.17）。視線の流れに合わせて、チャートの情報の密度を上げることで全体から個別詳細へと分析の視点が深くなることを表現できます。

図5.3.17 | チャートの情報の密度に変化をつける

代表的なチャートの種類と情報の密度の目安を図5.3.18に記載します。ダッシュボードの目的に合わせて、必要な情報量に適した密度を検討し、チャートを選択・配置しましょう。

例えば、経営層や事業部長クラスが使うKPIモニタリングダッシュボードであれば、数値を即座に把握することが重要です。そのため、情報の密度が

低いチャートを中心に配置したほうがよいでしょう。

　また、詳細分析的なダッシュボードであれば、様々な視点で比較分析することが求められるため、情報の密度が低いチャートだけでなく情報の密度が高いチャートも含めてバランス良く配置したほうがよいです。

　同じ大きさのチャート、同じ情報の密度のチャートが連続しているダッシュボードが決して悪いということではありません。しかし、ダッシュボードデザインの1手法としてチャートの大きさや情報の密度に変化をつけることで、ユーザーが理解しやすいダッシュボードを構築できることを認識しておきましょう。

図5.3.18｜チャートの種類と情報の密度

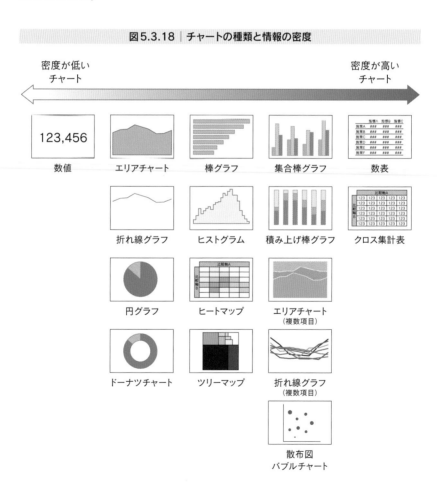

5.4

チャートデザイン

チャートデザインの意義

ダッシュボードのレイアウトやチャートの配置の詳細が決定したら、個々のチャートの仕様を決めて可視化する、チャートデザインのステップに進みます。

チャートデザインは、データが示す情報を正確に読み取るために重要です。**ダッシュボードはデータに基づいた意思決定を行い、アクションを取るために存在するため、「ユーザーにとってわかりやすい形式で正確にデータを可視化する」ことが重要です。**

本書は「**ビジネスで使うダッシュボードに必要なチャートデザイン**」という観点で、「**わかりやすさ**」「**正確さ**」を重視します。そのため、チャートデザインに関する解説は、これらを満たす必要最小限の内容となっています。データ可視化に関する専門的な技術、各チャートの成り立ちや活用例などの詳細な解説はデータ可視化の書籍を参照してください。

シンプルなチャートで可視化する

ビジネスで使うダッシュボードのチャートはわかりやすさ重視で考えるため、データ可視化の際は図5.4.1に挙げる10種のチャートの中から選択することが多いです。

本書では、主に数値、棒グラフ、折れ線グラフ、数表、エリアチャート、クロス集計表の基本の6チャートを使用します。六つでは物足りないと感じる方もいるかもしれませんが、ビジネスダッシュボードのチャートはこの6チャートでほとんどの分析要件に応えられます。

分析の目的によっては散布図やバブルチャート、ヒストグラム、地理的表現などの4チャートを補足的に使用します。これらのチャートは使用頻度は高いものではありませんが、データの傾向を把握するために非常に重要な働きをします。

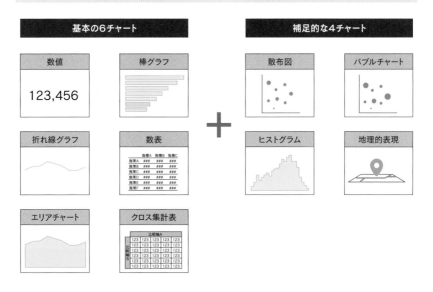

図5.4.1 | 基本となる6チャート＋補足的な4チャート

基本の6チャート

数値
123,456

棒グラフ

折れ線グラフ

数表

エリアチャート

クロス集計表

＋

補足的な4チャート

散布図

バブルチャート

ヒストグラム

地理的表現

　他にもよく知られているチャートで、比較的簡単に作成できるチャートに、円グラフ・ドーナツチャート・ツリーマップ・ヒートマップなどがあります。これらも前述の10種のチャート同様に有用ですが、最適に活用するには注意点がいくつかあるため、可視化の難易度が高めです。そのため、本書ではデータ可視化の十分な知識が身についてからの使用をおすすめします。BIツールでチャートの作成方法を学ぶ場合は、まずは図5.4.1の10種のチャートの作成を優先して学習するとよいでしょう。

● シンプルなチャートでダッシュボードを構成する利点
　棒グラフや折れ線グラフのようにシンプルなチャートを基本とする利点は二つあります。**一つ目は、ダッシュボードのユーザーがチャートの読み取り方を学ぶ必要があまりないという点です。**棒グラフや折れ線グラフは、日常的に見る機会もあるため、多くのユーザーが情報を読み取ることができます。
　しかし、普段あまり見かけない特殊なチャートは、読み取り方の説明を必要とします。基本的なチャートで分析要件を満たせるのであれば、特殊なチャートは使用しないほうがよいでしょう。
　二つ目は、BIツールの基本的な機能の範囲でチャートが作成できるため、

構築・改修のハードルが下がる点です。BI ツールの中には非常に拡張性の高いものもあり、標準で用意されているチャート以外の特殊なチャートも工夫次第で作成できます。

しかし、標準の機能ではないため構築に手間がかかりますし、改修が必要になったときの作業も難易度が高いです。特殊なチャートの作成に時間をかけるよりも、その時間でダッシュボードの運用に進んだり、個別の分析をして施策に繋げたりしたほうが得られる効果が高いです。そのため、基本的なチャートを前提とした構築を推奨します。もちろん必要な場合は特殊なチャートを用います。

最適なチャートを選択

データ可視化は、基本的なチャートの中から選択すればよいということを説明しました。ここからは、分析の目的に合致した最適なチャート形式を選択する方法を解説します。

チャート選択は、図5.4.2のように「指標の比較方法」「比較軸の数」「比較軸に時間軸を含むか」の三つの条件の掛け合わせで最適なものを選択します。

図5.4.2 | チャート選択表

	比較軸なし	比較軸の数 = 1		比較軸の数 = 2		比較軸の数 三つ以上
		時間軸あり	時間軸なし	時間軸あり	時間軸なし	
大きさの比較	数値 棒グラフ 円グラフ ドーナツチャート 地理的表現	折れ線グラフ エリアチャート 棒グラフ	棒グラフ 数表	折れ線グラフ エリアチャート 積み上げ棒グラフ 集合棒グラフ	積み上げ棒グラフ 集合棒グラフ 数表 クロス集計表 ヒートマップ	数表 クロス集計表 ヒートマップ
変化の比較						
構成比の比較			積み上げ棒グラフ(構成比) 円グラフ ドーナツチャート ツリーマップ 地理的表現(構成比)	折れ線グラフ(構成比) エリアチャート(構成比) 積み上げ棒グラフ(構成比)	積み上げ棒グラフ 集合棒グラフ 数表 クロス集計表 ヒートマップ ツリーマップ	
分布の比較	ヒストグラム		ヒストグラム			
値の関係性の比較	散布図 バブルチャート		散布図 バブルチャート			

179

チャート選択で最も重要なことは「指標の比較の方法とチャートの形式が合っているか」です。例えば、折れ線グラフは推移、変化、周期性を確認するときに用いるのに適したチャートです。そのため、時間軸を比較軸に含まない集計データを折れ線グラフで表現すると、チャートの形式が一致していないため、分析時に混乱を生むことがあります。

チャート選択が不適切であっても、実務上の影響は限定的ですが、好ましい状況とは言えません。チャートデザインは、分析を行うユーザーの気持ちになって快適に分析が行える表現となるように努めましょう。

シグナルとノイズを意識したデザイン

チャートのデザインはシグナルとノイズに分けられます。シグナルとは「集計値の持つ情報やその傾向を読み取るために必要不可欠な要素」のことです。データ分析とはユーザーがこのシグナルを知覚・解釈する活動と言えるでしょう。

ノイズとは、簡単に言うと、「シグナル以外のチャートの構成要素」です。例えば、チャートの色・背景・罫線などチャートの装飾的な要素はノイズとなることが多いです。

チャートのデザインを考える際、最適なチャートを選択することが重要であることは前述しましたが、ユーザーが分析に集中できるようにノイズを排除することも同じくらい重要です。

ユーザーがデータ分析に集中できるように、**可能な限りノイズを排除してシグナルの割合が最大化するチャートデザインとすることがデータ可視化の鉄則**です（図5.4.3）。

図5.4.3 | ノイズを排除したチャートをデザインする

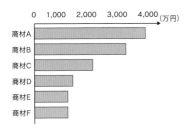

ノイズの少ないチャート

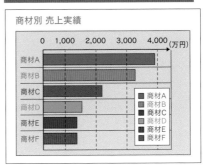

ノイズの多いチャート

　ノイズとは、「シグナル以外のチャートの構成要素」と言いましたが、色や補助線などの要素が必ずしもノイズになるとは限りません。

　ノイズの例としてチャートの色を挙げましたが、チャートの色は場合によってはシグナルになります。例えば、積み上げ構成棒グラフ（図5.4.4）では、チャートの色によって月別の商材カテゴリごとの売上構成比を区分けしています。色分けがなくなると、商材の構成比がわかりづらく、データ分析に不都合が生じます。したがって、積み上げ構成棒グラフにおいては色はノイズではなくシグナルです。

図5.4.4 | 積み上げ構成棒グラフにとって色はシグナル

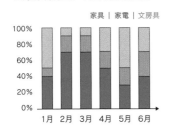

適切にノイズが取り除かれている

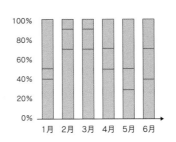

シグナルまで取り除いてしまっている

ユーザーが求める情報の量によっても、何がシグナルで何がノイズであるかは変化します。例えば図5.4.5において、月別の売上推移の傾向（大小関係）を大まかに把握することが目的であれば、具体的な値の情報はユーザーにとっては不要でありノイズです。一方で、現在の売上金額を具体的な実数値まで把握することが目的であればユーザーにとって値は必須の情報でありシグナルです。

図5.4.5｜求める情報量によってシグナルかノイズかは変化する

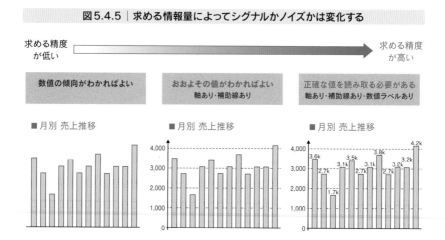

　ノイズを排除するときに大事なことは、ユーザーのデータ分析の目的・チャートの役割を意識することです。ノイズを排除してすっきりしたチャートデザインにできたとしても、それによってデータ分析に不都合が生じてしまうのであれば、良いデザインとは言えません。

複雑なチャートは複数のチャートに分解

　積み上げ棒グラフや積み上げのエリアチャートなどは、比較軸を掛け合わせた粒度の細かい情報を比較するために非常に有用です。しかし、これらは各項目の値の大小関係が読み取りにくく、ユーザーにとってデータ解釈の負荷が高いチャートです。このように「有効だがユーザーの負荷が高いチャート」は一つ二つであれば問題はないですが、多用するとデータ分析はできるが、データの解釈に多くのエネルギーを要するダッシュボードになります。

チャートのデザインを考えるとき、**データ解釈の負荷を下げられるかも検討**しましょう。例えば、積み上げ棒グラフを複数のチャートに分解すると、ダッシュボードのスペースは取りますが、実数の大きさが識別しやすく解釈の負荷が小さいデザインにできます（図5.4.6）。

図5.4.6 ｜ 積み上げ棒グラフを分解する

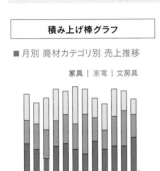
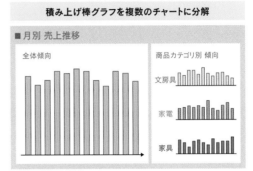

複雑なチャートを分解して、シンプルな複数のチャートにする考え方は積み上げのチャート以外にも有効です。例えば、2種類の指標を組み合わせたコンボチャートも、データを解釈する負荷が大きいチャートの一例です。コンボチャートも二つのチャートに分解して並べることで、より解釈の負荷が小さいデザインにできます（図5.4.7）。

図5.4.7 | コンボチャートを分解する

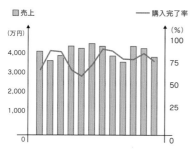

コンボチャート

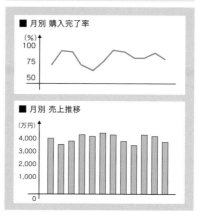

コンボチャートを複数のチャートに分解する

数表やクロス集計表もデータ解釈の負荷が大きい形式です。そのため多用は控えて、重要なもののみ表で示すようにしましょう。また、数表やクロス集計表の数値だけで値の推移や大小関係を比較することは難しいです。棒グラフで描画するなど数値比較がしやすいデザインの検討をしてください（図5.4.8）。

図5.4.8 | 表を棒グラフで代替する

複数の指標をもつ数表

	訪問者数	購入者数	購入率
施策A	220,000	3,300	1.5%
施策B	200,000	2,000	1.0%
施策C	250,000	3,000	1.2%
施策D	180,000	1,440	0.8%
施策E	240,000	4,800	2.0%
施策F	160,000	2,400	1.5%

数表を棒グラフに変換する

棒グラフは万能選手

棒グラフは大きさの比較や構成比の比較など、多様な用途で使用できる汎用性の高いチャートです (図5.4.9)。基本的なチャートを使いこなせるようになった後は、棒グラフの応用方法を学ぶことをおすすめします。例えば、数値ゲージやバー・イン・バーチャート、バタフライチャートなどは使用頻度の高い応用例です。

様々な棒グラフの応用方法を学習することでデータ表現の幅が広がり、より魅力的なダッシュボードをデザインできます。

モックアップ作成

チャートのデザインの仕様が固まったら、ダッシュボード詳細設計書のチャート形式の枠にチャートの種類を記入するとともに、ワイヤーフレームにチャート形式を書き加えます。

ダッシュボード詳細設計書やワイヤーフレームだけでもダッシュボード構築者への構築依頼やプロジェクト関係者内でのレビューはできますが、関係者がデータ分析の経験がなく、ダッシュボード詳細設計書やワイヤーフレームでは内容をイメージできないケースがあります。そういった場合、モックアップを作成することがあります (図5.4.10)。

モックアップの作成方法の例は次のものが挙げられます。

- ラフなイメージ共有で十分である場合
  - → Power PointやExcelなどOffice製品でクイックに作成
- かなり精巧なイメージまで作成する必要がある
  - → figmaなどのプロトタイピングツールを使用して作成
- インタラクティブな動作も含めたモックアップが必要
  - → サンプルデータを使用してBIツールでモックアップを作成

モックアップをどこまで作り込むか、何のツールで作成するかは、決まりがありません。プロジェクトの状況、関係者の経験値などからダッシュボードのデザインを担当する方がやりやすい手段を選択してください。

図5.4.9 | 棒グラフの応用

ゲージチャート
目標値と指標の値を比較

指標A

123,456 円

達成率:12.3%

バー・イン・バーチャート
二つの指標の値の大きさを比較

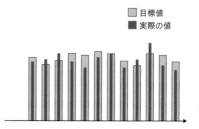

目標値
実際の値

バタフライチャート
二つの異なる値の分布の表示

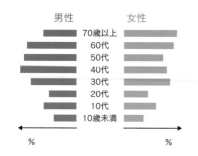

男性　　　　女性

70歳以上
60代
50代
40代
30代
20代
10代
10歳未満

%　　　　　%

ブレットグラフ
複数項目の目標値と指標値を比較

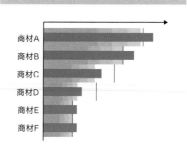

商材A
商材B
商材C
商材D
商材E
商材F

ウォーターフォールチャート
数値の総計の内訳を把握

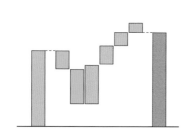

ダイバージングチャート
特定の値と各集計値との差分を表示

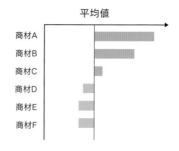

平均値

商材A
商材B
商材C
商材D
商材E
商材F

図5.4.10｜モックアップのイメージ

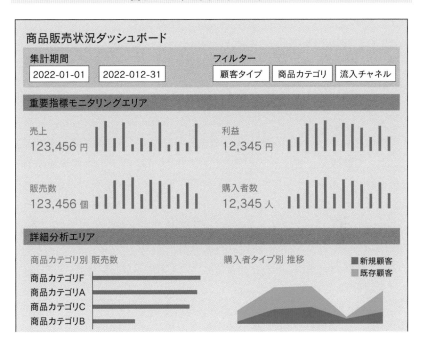

5.5

インタラクティブ機能デザイン

インタラクティブ機能とは

　本章の最後に、ダッシュボードのインタラクティブ機能を考慮したデザインについて解説します。インタラクティブ機能とは、ユーザーが任意の条件で集計対象のデータを抽出するなど、マウス操作によってダッシュボードを動的に操作する機能のことです。

　BIツールによって、インタラクティブ機能には多少の差がありますが、上手に活用することでダッシュボードの機能性が向上します。この章ではインタラクティブ機能導入の利点や注意点について簡単に解説します。

インタラクティブ機能を導入する利点

　インタラクティブ機能はデータ分析において必要不可欠というわけではありません。そのため、インタラクティブ機能をBIツールが提供していることを知っていても、あまり使用していない方もいるかもしれません。

　しかし、**インタラクティブ機能は非常に強力であり、有効に使用することで分析の体験の質が大きく向上する**ため、本書では積極的な活用をおすすめします。インタラクティブ機能を導入する利点は三つあります。

　①ダッシュボードサイズの制限を超えた分析要件の提供が可能になる
　②対話的なデータ分析体験の提供が可能になる
　③チャートを組み合わせた多角的な分析の支援が可能になる

　これらの利点を理解いただくために、以降で主要な機能を紹介します。

● フィルター機能のデザイン

フィルター機能はユーザーが任意に集計対象の条件を設定できる機能です。次のことを可能にします。

① ダッシュボードサイズの制限を超えた分析要件の提供が可能になる
　　→ 集計対象ごとにダッシュボードやチャートの分割をしなくてよい
② 対話的なデータ分析体験の提供が可能になる
　　→ 自由に集計対象を変えながらデータ分析が可能になる

フィルターはインタラクティブ機能の中でも最も多用される便利な機能ですが、安易に使用すると混乱を生むこともあるため、注意点を解説します。

フィルターで集計対象を切り替えたときに、どのチャートにフィルター機能が適用されるのかユーザーは視覚的に確認できないため、混乱や誤った解釈を生むことがあります。フィルターを一部のチャートに適用する場合、デザインを工夫する必要があります。このような場合、図5.5.1のようにフィルターの適用範囲に合わせてフィルターの配置場所を変えることが有効です。

図5.5.1 | フィルターの適用範囲が類推できる配置

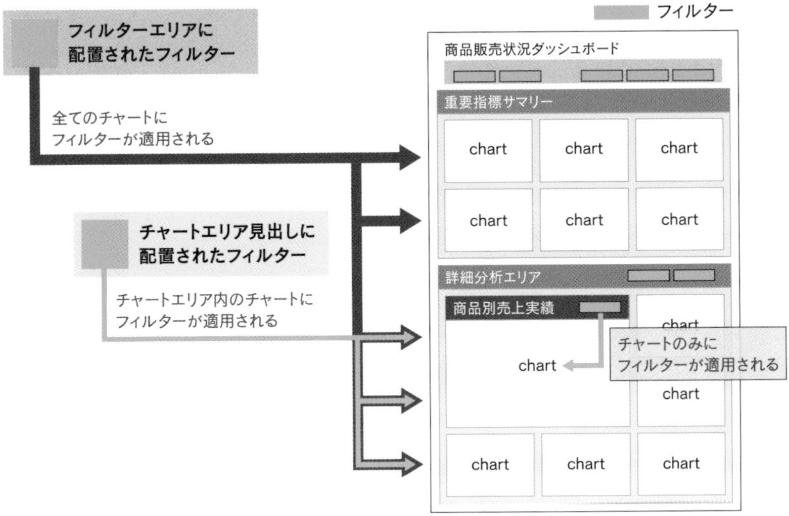

この例では、チャート全体に適用するフィルターはダッシュボードタイトルの下にあるフィルターエリアに配置し、チャートエリアにのみ適用するフィルターはチャートエリアのタイトル部分に配置しています。そして、単一のチャートに適用するフィルターはチャートのタイトル部分に配置しています。

● インタラクティブなフィルター機能のデザイン

フィルターアクション（BIツールによってはクロスフィルタリングなどとも呼ばれます）はユーザーがチャートの要素をクリックしたときやマウスのカーソルを乗せたとき（マウスオーバー）に、インタラクティブにフィルター対象のチャートの集計対象に制限をかけられる機能です。

例えば特定の商品の売上をクリックすると、他のチャートがその商品に限ったデータに絞り込まれるため、その商品の売上について、さらに分析を深めることができます。この機能は、以下のことを可能にします。

① ダッシュボードサイズの制限を超えた分析要件の提供が可能になる
　　→ 集計対象ごとにダッシュボードやチャートの分割をしなくてよい
② 対話的なデータ分析体験の提供が可能になる
　　→ 自由に集計対象を変えながらデータ分析が可能になる
③ チャートを組み合わせた多角的な分析の支援が可能になる
　　→ チャートの中で気になる要素を見つけたときに他のチャートも
　　　　含めてさらに分析を深めることができる

フィルターアクション機能はフィルター機能と同じく、データ分析において非常に有用な機能ですが、フィルターが適用されるチャートの範囲が不明瞭であるため、適用範囲をユーザーが認識できるようにデザインを工夫する必要があります。

最も簡単な方法は、離れたチャートへフィルターを適用しないことです。フィルターアクションが適用されるとチャートの値が変化するため、それを視認することでユーザーはフィルターアクションの適用範囲を理解できます。

しかし、値の変化に気付けるのは操作するチャートと同じ画面上にあるチャートまでです。チャートが大きく離れていて画面外にある場合は、ユー

ザーはフィルター適用時の値の変化に気付くことができません。全ての
チャートにフィルターアクションが適用される場合はその旨を注釈で説明す
ればよいですが、一部のチャートにフィルターアクションが適用される場合
は離れたチャートへのフィルターの適用を避けることが望ましいです。

　しかし、ダッシュボードの要件として、画面外のチャートにもフィルター
アクションを適用する必要がある場合は、図5.5.2のようにアイコンの表示
や画面のハイライト、あるいはチャートのデザインの変化によってフィル
ターが適用されているチャートを明確に示すことを検討します。

図5.5.2 | フィルターアクション適用範囲を明示する

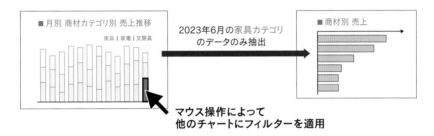

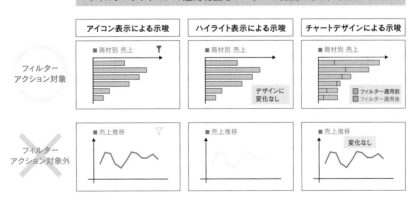

このようにアイコンやハイライトによって明確にフィルターアクションの適用範囲を示す方法は非常に有用です。しかし、このような表示機能を標準で用意しているBIツールは少ないことに注意してください。また、実現できる場合も、複雑な設定を必要とし、実装にある程度の工数がかかることが多いです。そのため、工数をかけてまで画面外のチャートにもフィルターアクションを適用すべきかどうか、しっかり検討しましょう。

● ボタンによる指標やチャートの切り替え機能

デザインが似たチャートを複数配置する必要があるとき、それらのチャートを並べるとスペースを取りすぎて使いづらくなることがあります。このような場合は、図5.5.3のように表示するチャートの指標をユーザーが任意に切り替えられるボタンをダッシュボードに設定すると、省スペースに繋がります。

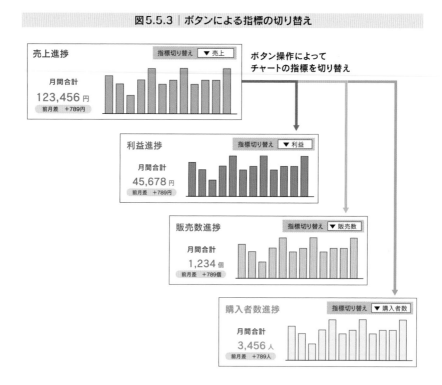

図5.5.3 ｜ ボタンによる指標の切り替え

この機能は次のことを可能にします。

① ダッシュボードサイズの制限を超えた分析要件の提供が可能になる
　→ 指標ごとにチャートの分割をしなくてよい
② 対話的なデータ分析体験の提供が可能になる
　→ 自由に確認したい指標を変えながらデータ分析が可能になる

　BIツールによってはボタンの実装が難しい場合もあるため、機能の有無を確認してからデザインに取り入れるようにしてください。切り替えのボタンは指標切り替えだけでなく、チャートの切り替えや指標の計算ロジックの切り替えなど、様々な機能が実現可能です。ダッシュボードの要件にあわせてボタンの利用を検討してください。

● 詳細情報の表示にツールヒントを有効活用する

　チャートの要素にマウスオーバーしたときに、正確な集計値の値や補足情報などが記載されたウィンドウを表示する機能がツールヒントです。ツールヒントを使用する場合は、図5.5.4のようにテキストの書式を工夫すると、より見やすくできます。

図5.5.4 ツールヒント機能を有効活用する

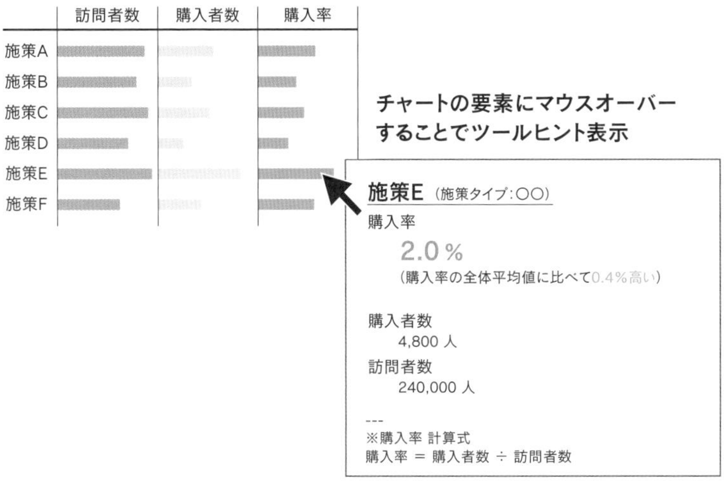

この機能は次のことを可能にします。

① ダッシュボードサイズの制限を超えた分析要件の提供が可能になる
　　→ ツールヒントで済む情報であればダッシュボードのスペースを取らなくてよい
② 対話的なデータ分析体験の提供が可能になる
　　→ 見た目上のノイズを減らし、ユーザーが知りたいときにツールヒントを確認する＝シグナルとして情報提供できる

テキストの書式を変更するときのコツは、次の3点です。

- 重要な情報と補足的情報でテキストの大きさ・色などに差をつける
- 情報が多いときはテキストの内容を構造化して見出しをつける
- タブによる文字位置の変更などを行い、レイアウトを整える

これらを意識しながら、分析をより充実させるための情報を選択し、効果的にツールヒントで表示しましょう。

第6章

データ準備・
ダッシュボード構築

6

6.1

データ準備の全体像と概要

この章で説明すること

　前章まででダッシュボードの設計が完了し、次はいよいよデータの準備の段となります。この章では、ダッシュボード用のデータを準備する手順や留意すべき点について説明します（図6.1.1）。また、最後の節でダッシュボード構築について触れます。

　データ準備の一般的な作業ステップは次のようになっています（図6.1.2）。

① 要件の確認
② テーブルの設計
③ テーブルの作成
④ データ更新のルール化

本書でも、この流れに沿って説明します。

図6.1.1 | ダッシュボード構築プロジェクトの全体像

要求定義・要件定義 → ダッシュボード設計 → データ準備 → ダッシュボード構築 → 運用・レビュー・サポート

この章で扱うフェーズ

図6.1.2 | データ準備の作業ステップ

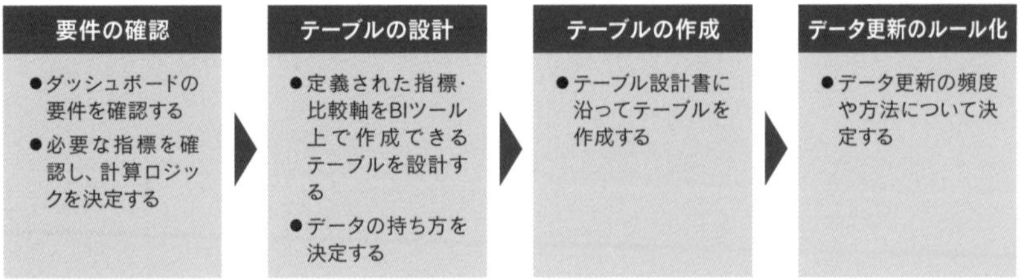

要件の確認	テーブルの設計	テーブルの作成	データ更新のルール化
● ダッシュボードの要件を確認する ● 必要な指標を確認し、計算ロジックを決定する	● 定義された指標・比較軸をBIツール上で作成できるテーブルを設計する ● データの持ち方を決定する	● テーブル設計書に沿ってテーブルを作成する	● データ更新の頻度や方法について決定する

なお紙面の都合上、本書ではデータベースそのものについての詳細な解説は割愛します。必要に応じてデータベースの書籍をご覧ください。

● 要件の確認

ダッシュボードの目的を達成するために、ダッシュボードの要件を満たせるデータ構成が必要となります。第3章～第5章で定義したダッシュボードの要件・設計の内容を確認します。

詳しくは**6.2**で説明します。

● テーブルの設計

定義された指標・比較軸をBIツール上で作成できるテーブルを設計します。最終成果物から逆算して、データソースとデータの持ち方を検討します。

詳しくは**6.3**で説明します。

● テーブルの作成

テーブル設計書に沿って、テーブルを作成します。ダッシュボードの構築環境によりますが、多くの場合はSQLなどの言語を使ってデータの加工を行います。

詳しくは**6.4**で説明します。

● データ更新のルール化

ビジネスの意思決定をするためには、ダッシュボードのデータは適切な頻度で更新されることが不可欠です。ここでは、データ更新の頻度や方法を決定します。

詳しくは**6.5**で説明します。

6.2

ダッシュボードの要件の確認

指標の確認と計算ロジックの決定

ダッシュボードの目的を達成するため、まずはダッシュボードの要件を確認します。

ダッシュボード上で集計・分析したい指標を精査し、その計算ロジックを決定します。 各指標の詳細な仕様が資料に整理されている場合は、その資料を読み込み、どのような指標をどの粒度で分析できればよいのかを確認します。もし、指標に関する情報が整理されておらず、ビジュアルイメージのみ定義されている場合は、ここで各指標をまとめる必要があります。

例えば、ダッシュボードにおいてよくある指標に、「売上」「会員数」「売上におけるリピーターの割合」といったものがあります。これらに対応する計算ロジックを一つ一つ決めます。

売上なら「個々の購買額の合計値」、会員数なら「存在する会員番号のユニークカウント」などです（図6.2.1）。

図6.2.1 | 指標から計算ロジックを作成する例

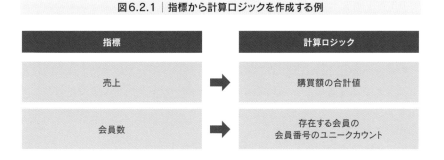

BIツールにはそれぞれの計算式に該当する関数が用意されているので、その関数を利用して計算します。

計算ロジックの確認が必要な場合もあります。ダッシュボードのユーザーとデータ作成者の間で定義の認識に齟齬がある場合です。例えば、「売上」を集計したいときに、商品の価格・消費税・手数料・送料を足すのか、それとも商品の価格だけを売上とするのか、という認識の違いが発生することがあります。

特に、データ作成者と指標を定義すべき人物（ビジネス側の担当者など）が別々で存在する場合は、作成した計算ロジックが適切かどうかを指標を定義すべき人物に確認しましょう。

計算ロジックを考える段階で、何のデータが必要そうかという点についても目処がついてきます。例えば、「売上」を算出するためには「注文データ」が、「会員数」を算出するためには「会員登録データ」が必要そうだな、といったことです。これらの情報は**6.3**で詳しく考えます。

データ粒度の検討

データを準備する際には、データの「粒度」を考慮する必要があります。**データの粒度とは、どれくらいの細かさでデータを保持するか**ということです。

例えば、ダッシュボード上で確認したい指標に「〇月度の売上の合計」があったとすると、少なくとも、月ごとの売上データが必要です。もし「〇月〇日の売上の合計」を確認したい場合は、少なくとも1日ごとの売上データが必要になります（図6.2.2、図6.2.3）。

図6.2.2 | データ粒度の違い（例1）

個別の売上（1取引1レコード）

注文日	注文番号	売上
2022/11/1	001	5000
2022/11/1	002	8000
2022/11/1	003	3000

日別の売上（1日1レコード）

注文日	売上
2022/11/1	16000
2022/11/2	21000
2022/11/3	35000

月別の売上（1月1レコード）

注文月	売上
2022/11	620000
2022/12	780000
2023/1	530000

図6.2.3 | データ粒度によってダッシュボードで表示できるデータが変わる（例1）

保持するデータ粒度	個別の売上	日次の売上	月次の売上	年間の売上
個別の売上（1取引1レコード）	表示可○	表示可○	表示可○	表示可○
日別の売上（1日1レコード）	×	表示可○	表示可○	表示可○
月別の売上（1月1レコード）	×	×	表示可○	表示可○

　別の例として、会員データを分析する場合を考えてみます。会員数や、性別や年代ごとの会員数を知りたい場合、どのようなデータがあれば分析の目的を達成できるでしょうか。

　会員ごとに1人1行で、「性別」「年齢」といったカラムがあるデータをそのままBIツールに連携した場合、そのデータをBIツール上で集計することで、ダッシュボード上で会員数、性別・年代ごとの会員数を表示できます。

　一方、会員一人一人ではなく性別・年代ごとに会員数を先に集計したテーブルを作成する方法でも、BIツール上で同じ内容（会員数、性別・年代ごとの人数）を表示することが可能です。ただし、より細かい粒度や別の切り口でデータを見ようとしたときに、BIツール上の作業だけではなく、連携データそのものの見直しが必要となります（図6.2.4、図6.2.5）。

図6.2.4｜データ粒度の違い（例2）

会員のリスト（1会員1レコード）

会員番号	名前	生年月日	年齢	性別	都道府県	入会日
1	○○	1985/01/01	38	男性	東京都	2019/01/31
2	△△	1973/05/05	49	女性	神奈川県	2020/06/30
3	□□	1995/03/03	27	男性	千葉県	2021/07/15

集計済み会員データ（性別・年代ごと1レコード）

年代	性別	会員数
20	男性	1500
20	女性	2100
30	男性	2800
30	女性	3500

図6.2.5｜データ粒度によってダッシュボードで表示できるデータが変わる（例2）

保持するデータ粒度	性別会員数	年代別会員数	性別・年代別会員数	全体会員数
会員のリスト（1会員1レコード）	表示可○	表示可○	表示可○	表示可○
集計済み会員データ（性別・年代ごと1レコード）	表示可○	表示可○	表示可○	表示可○

▼ 分析軸が変わると…

保持するデータ粒度	年齢別会員数	都道府県別会員数	入会月別会員数	全体会員数
会員のリスト（1会員1レコード）	表示可○	表示可○	表示可○	表示可○
集計済み会員データ（性別・年代ごと1レコード）	×	×	×	表示可○

　粒度の細かいデータをBIツール上で集計して、大きな粒度のデータを作成することは可能です。**つまり、粒度が細かくなればなるほど、BIツール上で表示するデータ粒度を柔軟に選択することができます。一方で、データの粒度が細かければ細かいほどレコード数が多くなるため、BIツールで扱うデータのサイズが大きくなってしまいます。**データサイズが膨大になると、処理速度などのパフォーマンスに影響が出てしまうため、必要十分なデータ粒度を選択する必要があります。

6.3

テーブルの設計

利用するデータの確認

　テーブルの設計に際しては第3章や第4章で洗い出した利用想定のデータを確認します。確認すべき点は「データソース」「テーブル」「カラム」の三つです。

　データソースとは「どこのデータを利用するのか」ということです。基幹システムのデータを利用することもあれば、MAツールやCRMツールなどのシステムのデータを利用することもあるでしょう。ダッシュボード構築においては、それらのデータを一度データウェアハウスなどの分析用データベースに連携してから、ダッシュボード用のデータマートを構築することが多いです。

　データソースには複数のテーブルが存在することが多いです。例えば、ECサイトであれば「売上」のトランザクションデータや、「顧客マスタ」「商品マスタ」などのマスタデータを保持しているのが一般的です。これらの複数のテーブルのうち、ダッシュボードに必要な情報はどのテーブルのどのカラムに存在するかを確認します。

マートテーブルの作成

　必要な情報の在り処が特定できたら、データソースのテーブルから、ダッシュボード構築用に必要なデータを適切な粒度でまとめた「データマート」のテーブルを作成します。本書ではデータマートのテーブルのことを今後「マートテーブル」と呼びます。

　マートテーブルは、一つの元テーブルから作成することもあれば、複数のテーブルのデータを結合して作成することもあります。ダッシュボードで表示したい内容と、データソースで持っているデータが全く同じであることはほとんどないため、データソースの複数のテーブルを組み合わせてマートテーブルを作成する場合が多いです。また、マートテーブルは複数テーブル

になることも多いです。

データソースのデータのうち、どのテーブルのどのカラムを利用するのかを洗い出し、データマートの作成方針を検討します。

私たちのチームでのダッシュボード構築プロジェクトの場合は、各データソースからTreasure Data CDPに格納したデータを用いてデータマートを作成することが多いです（図6.3.1）。

図6.3.1 | データソースからBIまでのアーキテクチャの例

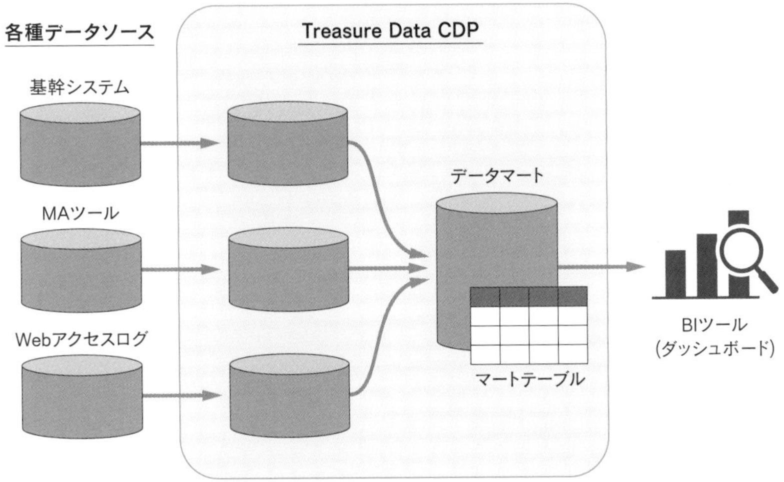

データマート環境パターン

データマートの作成パターンは2通りあります。複数のデータソース由来のデータを一つのマートテーブルとしてまとめた統合テーブルをあらかじめ作成した上でBIツールに接続する方法と、複数のデータソースのデータやマートテーブルをBIツールに接続して使用するパターンです（図6.3.2）。

図6.3.2 | データマート環境パターン

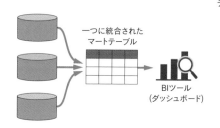

統合テーブルを作成してからBIツールに接続

一つに統合された
マートテーブル

BIツール
（ダッシュボード）

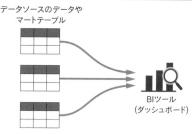

複数のテーブルをBIツールに接続

データソースのデータや
マートテーブル

BIツール
（ダッシュボード）

● 一つの統合テーブルを用意するパターン

　BIツールに接続する前に一つの統合テーブルを作成するパターンです。大元のデータソースのテーブルが一つしかない場合もあれば、複数のテーブルを、BIツールに接続する前段階で統合して一つのマートテーブルとする場合もあります。

　統合されたマートテーブルをあらかじめ用意しておくと、BIツール側での処理がシンプルになるため、BIツールでのダッシュボード構築が比較的やりやすくなるというメリットがあります。

● 複数のテーブルをBIツール上で使用するパターン

　必要なテーブルが複数ある場合は、複数のテーブルをBIツールに接続し、一つのダッシュボードを作成する場合もあります（図6.3.3）。

　このとき、ダッシュボード上で別々のデータとして独立した状態で使用すればよい場合もあれば、複数のテーブルを一定の条件で結合し一つにまとめる必要がある場合もあります。

　データを独立した状態で使用する場合は、別々に集計されたテーブルを同じダッシュボード上にそれぞれ表示させるだけなので、テーブルの相互関係についてあまり気にする必要はありません。一方で、BIツール上で一つの統合テーブルとしてまとめる必要がある場合は、テーブル間のリレーションシップ（テーブル間の関係性）に従い結合する必要があります。テーブルを結合する場合は、意図した条件で結合できているか、集計の際に重複などがな

いかなどに気をつける必要があります。

図6.3.3 | 複数のテーブルをBIツール上でまとめる

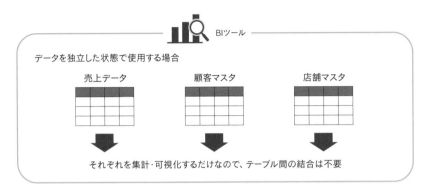

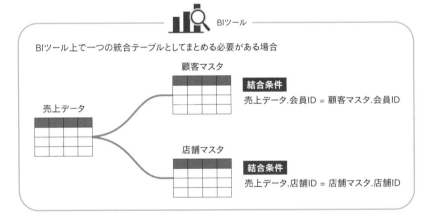

● BIツールの仕様にあったテーブル構造にする

　利用するBIツールの仕様によって、できることが異なります。複数のテーブルを結合して使用する際は、BIツールの仕様に合わせて、テーブルの作成を行いましょう。

テーブル設計

　データソースの利用データが特定できてデータマートの持ち方が概ね決まったら、具体的なテーブルの設計を行います。**どのようにテーブルとして括り、そのテーブルの中にはどのような項目を持つのか、また、どのような粒度でデータを持つのかを検討します。**

● チャートデザインから逆算する

　テーブルの設計は、成果物であるダッシュボード上のチャートデザインから逆算して考えると進めやすいでしょう。可視化の要件に合わせて、何のデータをどのように持つか考えます。

　チャートを構成する要素は次の通りです。

- ディメンション
- メジャー
- フィルター条件
- 計算条件

　これらに使われている情報を網羅した上で、分析の要件を満たせるテーブル構造を考えます。今回は、とてもシンプルな「あるメーカーのECサイトでの売上ダッシュボード」（図6.3.4）を例にして考えてみましょう。

　図6.3.4のダッシュボードでできることは次の通りです。

- 「オーダー年月」ごとに切り替えができる（フィルター条件）
- 「商品カテゴリ」を選択できる（フィルター条件）
- 「顧客区分」を選択できる（フィルター条件）
- 地方ごと（ディメンション）に「売上」「1人当たりの売上」「利益」「利益率」の四つの指標（メジャー）を確認できる

　これらをダッシュボード上で実現するために、必要なデータについて考えてみましょう。

図6.3.4 | チャートデザインからテーブルを設計する

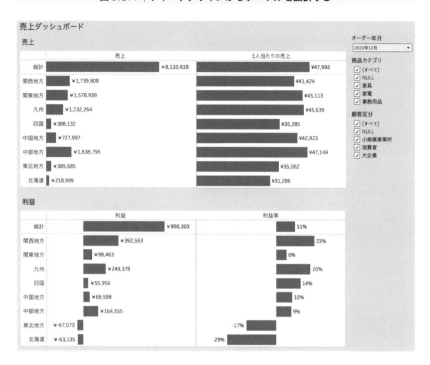

● ディメンション

ディメンションとは、「○○別に見る」の○○の部分のことです。第4章の分析設計で紹介した集計条件の「比較軸」や「フィルター条件」に用いるデータと考えるとわかりやすいです。例えば、「性別」「年代」「国・地域」といったものがあります。

今回の例では、ディメンションは「地方」ですので、各注文がどの地方の顧客のものかを識別できる必要があります。つまり、マートテーブルには「地方」のカラムを持つ必要があります。各注文を行った顧客の住所の都道府県部分から「地方」を割り当てます（図6.3.5）。

マートテーブルの段階であらかじめ「地方」カラムを作成してもよいですし、BIツールにあるグルーピング機能を利用して、住所（都道府県など）を手作業で「地方」にカテゴリ分けして作成してもよいでしょう。

今回は、都道府県（47しかなく、今後も増える見込みがない）でのカテゴリ分けなので、どちらの方法でもよいかと思います。カテゴリ分けする対象が多い場合や、カテゴリ分けの対象やカテゴリが頻繁に増減したり変更されたりする場合は、BIツール上で手作業でカテゴリを振り分けると運用が煩雑になってしまうため、別テーブルの対応表を結合してマートテーブルを作成する運用を推奨します。

図6.3.5｜カテゴリ分けの方法

データマート作成時にカテゴリ分け

注文日	注文番号	会員番号	購入商品	購買額	利益	都道府県
2022/11/1	1001	001	商品A	5000	1000	東京都
2022/11/2	1002	002	商品B	8000	300	愛知県
2022/11/3	1003	003	商品C	3000	800	福岡県

都道府県名と地方の対応表を利用

ID	都道府県名	地方
1	東京都	関東地方
2	神奈川県	関東地方
3	千葉県	関東地方

BIツール上でカテゴリ分け

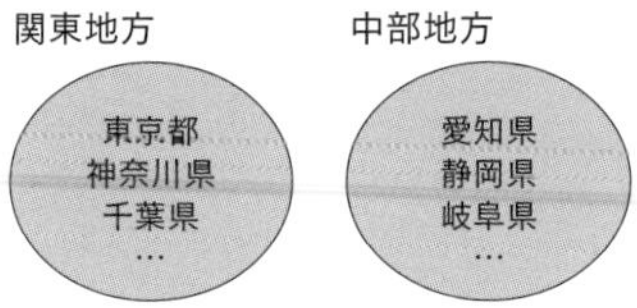

関東地方

東京都
神奈川県
千葉県
…

中部地方

愛知県
静岡県
岐阜県
…

● メジャー

確認したい指標（数値）のことを「メジャー」と呼びます。今回の例では、「売上」「1人当たりの売上」「利益」「利益率」がメジャーに当たります。第4章の分析設計で紹介した集計条件の「指標」です。それぞれのメジャーの計算ロジックについては、**6.2**で述べた「指標の確認と計算ロジックの決定」の内容を踏まえて検討します。

今回の例では、四つのメジャーの計算ロジックを次のようにします。

・売上：売上の合計
・利益：利益の合計
・1人当たりの売上：売上の合計 ÷ 購入人数
・利益率：利益の合計 ÷ 売上の合計

「売上」「利益」は各トランザクションに1カラムずつ持っているとすると、それらを必要な期間分合計するだけです。「1人当たりの売上」は、売上の合計を購入人数で割るため、購入人数が計算できる必要があります。購入人数は、購入した顧客のユニークカウント（例：同じ人が2回購入した場合は「1人」と数える）をとるため、データ上で顧客を識別できる必要があります。つまり、顧客のIDをデータとして保持する必要があります。

● フィルター条件

集計対象のデータに特定の抽出条件を追加する機能が「フィルター」です。今回の例では、「オーダー年月」「商品カテゴリ」「顧客区分」ごとにフィルターできるようになっています。意図した条件でフィルターするには、条件に当てはまるかどうかを識別できるデータを持つ必要があります。

売上データに「注文日」のデータがあれば、該当月のデータだけを集計することができそうです。

「商品カテゴリ」「顧客区分」については、売上データにディメンションとして持つとよいでしょう。ディメンションは前述の通り、比較軸として用いることもあれば、集計対象データを絞り込むフィルター条件にも使われることも多いです。「商品カテゴリ」は商品と商品カテゴリのマッピングテーブル（カテゴリマスタなど）を売上データに結合して「カテゴリ」カラムを作成します。「顧客区分」についても、顧客情報がまとまった顧客マスタのデータを売上データに結合して「顧客区分」カラムを作成します（図6.3.6）。

図6.3.6｜マスタテーブルを結合し、顧客区分を付ける

売上データ

注文日	注文番号	会員番号	購入商品	購買額	利益	都道府県	地方
2022/11/1	1001	001	商品A	5000	1000	東京都	関東地方
2022/11/2	1002	002	商品B	8000	300	愛知県	中部地方
2022/11/3	1003	003	商品C	3000	800	福岡県	九州地方

顧客マスタ

会員番号	顧客名	顧客区分
001	○○ △△	消費者
002	株式会社××	大企業
003	□□有限会社	小規模事業所

以上を踏まえて、チャートデザインから逆算すると、図6.3.4のダッシュボードを作成するためのマートテーブルは次のようになります（図6.3.7）。

図6.3.7｜マートテーブルのイメージ

注文日	注文番号	会員番号	購入商品	カテゴリ	購買額	利益	都道府県	地方	顧客区分
2022/11/1	1001	001	商品A	家具	5000	1000	東京都	関東地方	消費者
2022/11/2	1002	002	商品B	家電	8000	300	愛知県	中部地方	大企業
2022/11/3	1003	003	商品C	事務用品	3000	800	福岡県	九州地方	小規模事業所

このマートテーブルはあくまで一例です。例えば、地方ごとに集計できればよいので「都道府県」のカラムは図6.3.4のダッシュボードを作成するためには必須ではありません。また、年月ごとに集計できればよいので「注文日」も年月日までは必須ではありません。ただし、追加分析が必要になった場合（例：都道府県別に売上を見たい、日別に売上を見たい など）に、マートテーブルにデータを追加するのはひと手間かかります。そのため、データサイズが問題にならない場合には、少し細かいデータも余分に持っておくことをおすすめします。ここまでの過程で、計算ロジックとマートテーブルの設計が固まったら、第4章で作成したダッシュボード詳細設計書に追記しましょう。

テーブル間のリレーションシップの整理

複数のテーブルをマートテーブルとして利用する場合は、BIツール上でどのように結合するかを整理し、情報として残しておきます。図6.3.8のように、どのテーブルとどのテーブルがどういった条件で結合されるかを明記した資料を、ダッシュボードの要件定義の資料に加えるとよいでしょう。

テーブルとテーブルを結合する際は、結合が「1対1」「1対多」「多対多」のどのパターンに当てはまるのか意識しましょう。「トランザクションデータにマスタテーブルの情報を追加する」といったような「1対多」のパターンが多いと思います（図6.3.9）。

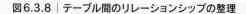

図6.3.8 | テーブル間のリレーションシップの整理

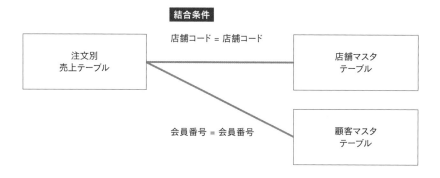

図6.3.9 | 1対多の結合

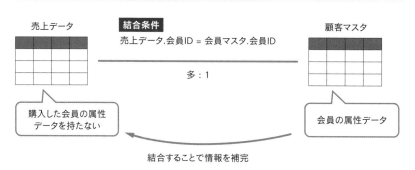

　BIツールは、どのようなリレーションシップのテーブルであっても結合できます。しかし、テーブルの関係が多対多で、かつ両方トランザクションデータのような大量の行数を持つテーブルを結合する場合には、大量の組み合わせが発生することでダッシュボードのパフォーマンスに大きな影響を与える可能性があるため注意しましょう。

補足：テーブルタイプについて

　マートテーブルには、大きく分けて三つのタイプがあります。それぞれ次のような特徴があるため、目的や状況に応じたタイプのテーブルを作成しましょう。

● EAV型 (Entity-Atribute-Value型)

　最もシンプルなテーブルタイプです。カラム構成は「ディメンション」「メジャー名 (アトリビュート: Attribute)」「メジャーの値 (バリュー: Value)」となります。EAV型は、図6.3.10のようにディメンションごとに「メジャー名」「メジャーの値」が縦に積み重なるテーブルです。

図6.3.10 | EAV型のテーブル

ディメンション		メジャー名 (アトリビュート)	メジャーの値 (バリュー)

日付	店舗名	メジャー名	値
2022/11/1	丸の内店	売上	30000
2022/11/1	丸の内店	個数	10
2022/11/1	渋谷店	売上	90000
2022/11/1	渋谷店	個数	30
2022/11/2	丸の内店	売上	60000
2022/11/2	丸の内店	個数	20
2022/11/2	渋谷店	売上	15000
2022/11/2	渋谷店	個数	5

（メジャー名が縦に連なる）

　EAV型のメリットは、増分更新の自由度が挙げられます。メジャー名が縦に連なっており、メジャー名の種類が増えたときにもダッシュボード側のメジャーが自動で増えるため、ダッシュボードの修正が不要です。また、後からデータが追加されるタイプのデータ (例: 後日返品日時などが追加されていく場合) の場合にも、データが増分更新されるとダッシュボード側も更新されるので、手入れが不要です。

　EAV型の最大のデメリットは、テーブルの構造がわかりにくいことです。メジャー名がテーブルの値の部分に入っているので、全体像が見えづらいです。

● Tidy Data型

　最も使い勝手の良いテーブルタイプです。カラム構成は「ディメンション」「メジャー」となります。ディメンションごとに、必要なメジャーがカラムと

して横に並び、それぞれのレコードに各メジャーの値を持っています。

汎用性が高く、デメリットは特にありません。最も使い勝手が良いため、Tidy Data型が一番おすすめです（図6.3.11）。

図6.3.11 | Tidy Data型のテーブル

ディメンション		メジャーの値 （バリュー）	
日付	店舗名	売上	個数
2022/11/1	丸の内店	30000	10
2022/11/1	渋谷店	90000	30
2022/11/2	丸の内店	60000	20
2022/11/2	渋谷店	15000	5

● Wide Spread型

集計済みの値を次々に横に並べていく、横に長いテーブルです。一般的な呼称がないため、ここでは「Wide Spread型」と呼ぶことにします（図6.3.12）。カラム構成は「ディメンション」と、多数の集計済みの「メジャー」です。

Wide Spread型のメリットは、BIツール側での設定が非常に簡単という点です。BIツールに慣れていない人がダッシュボードを作成するときや、決まりきった集計値をBIツールで表示する、シンプルなダッシュボードを作成するときには、Wide Spread型は適していると言えるでしょう。

逆に、拡張性がないことがデメリットです。ダッシュボード側で決まりきった集計値を表示するだけでなく、見たい指標の粒度が流動的に変わる場合には、Wide Spread型の集計済みテーブルでは対応できません。

図6.3.12 | Wide Spread型のテーブル

ディメンション	メジャーの値（バリュー）			
日付	丸の内店の売上	丸の内店の個数	渋谷店の売上	渋谷店の個数
2022/11/1	30000	10	90000	30
2022/11/2	60000	20	15000	5

6.4

テーブルの作成

データソースからマートテーブルを作成する

テーブルの設計が決まったら、いよいよ実際にデータソースのテーブルから、マートテーブルを作成します。条件に合わせて必要なデータを抽出して、場合によってはマスタテーブルやマッピングテーブルなどを結合して必要な情報を追加します。また、一定の粒度で集約が必要な場合もあります。

Treasure Data CDPではSQLのクエリを書いてデータの加工を行いますが、利用するツールによってはノーコードで作成できる場合もあるでしょう。

テーブル作成の具体的な作業は、利用するツールによって大きく異なるため、本書では触れません。テーブル作成時に留意すべき点については、ツールにかかわらず共通点があるため、本章でいくつか述べておきます。

データのサイズ

マートテーブルの**データサイズが大きすぎると、ダッシュボード側での読み込みや表示に時間がかかることがあります。**ダッシュボードは必要な情報が見られて有用な一方で、表示するのに時間がかかると、ダッシュボードのユーザーから敬遠される可能性もあります。ダッシュボードのパフォーマンスに影響が出ないように、データサイズには気をつけましょう。

ここでは代表的な三つの留意点を挙げておきます。

●トランザクションデータは期間を絞る

特に、売上データやWebアクセスログなどのトランザクションデータの場合は、時間の経過とともにレコード数が増加します。こういったデータを利用する場合は、期間を絞ってマートテーブルを作成するとよいでしょう。

多くの場合は、月間・年間などのレコード数は大きく変わらないことが多いため、過去○カ月分、過去○年分などで期間を絞って抽出するとよいでしょう。データ期間は、ダッシュボードのビジネス要件とレコード数の兼ね合いで決定します。

● 小さくできるデータは小さくする

　同じ内容を表示する場合でも、値の形式を変更することでデータサイズを小さくすることができます。例えば、日時データの場合は日時（例：2023-01-01 00:00:00）ではなくUnixtime（例：1672498800）でデータを持てば、一般的にデータサイズは小さくなります（※Unixtimeとは、協定世界時(UTC)の1970年1月1日0時0分0秒からの経過秒数を数字で表したものです）。マートテーブル段階での視認性は下がりますが、BIツール側でUnixtimeを年月日に変換すれば、ダッシュボード上では人間が理解しやすい形で表示することができます。

　また、データサイズを小さくするためには、ダッシュボードで利用しないデータを削るという方法があります。例えば、次の方法があります。

- データソースでは秒単位で持っている日時データを、日単位までで切り捨てる
- 商品名まで持っているデータを商品カテゴリ単位のデータにする
- ユーザーIDなどのユニークなIDのカラムを削る

　データを削る場合は、削ることによって集計できなくなる内容があります。例えば、ユーザーIDを削った場合には、ユーザーIDごとのユニークカウントができなくなります。こういったデメリットを理解した上で、必要に応じてデータサイズを小さくしましょう。

● 必要に応じて集約する

　データサイズを小さくするための方法としては「集約する」という方法もあります。つまり、データをあらかじめまとめておき粒度を粗くすることで、レコード数を減らす方法です。

例）
- 注文ごとに1レコードのデータ→日ごとに1レコードに集約
- ページビューごとのWebアクセスログ→セッションごとに集約

　集約することでレコード数を減らすことができますが、**6.2**内の「データ粒

度の検討」で触れた通り、データの粒度を粗くすると、ダッシュボード上で表示できる粒度の柔軟性が下がってしまいます。そのため、データサイズと表示したい内容の兼ね合いで必要十分なデータ粒度を選択しましょう。

どこまでデータベース側で計算・加工するか

マートテーブル作成時には、データベース側である程度計算・加工をした上でBIツールにデータを接続するのが一般的ですが、**どこまでデータベース側で計算・加工し、どこからBIツール側で計算・加工するかという点がしばしば論点となります。**

例えば、顧客ごとの累計購買額によって顧客のランク付けを行う場合を考えましょう（図6.4.1）。マートテーブル側で顧客ごとに「累計購買額」カラム（例：5,000、10,000など）を数値で持つことも可能ですが、あらかじめ累計購買額が1〜5,000円の顧客を「ライトユーザー」、10,000円以上の顧客を「ヘビーユーザー」などとカテゴリ分けをして「顧客ランク」というカラムを持つことも可能です。マートテーブル側で「累計購買額」カラムのみを持つ場合は、BIツール側で1〜5,000円の顧客を「ライトユーザー」10,000円以上の顧客を「ヘビーユーザー」とカテゴリ分けをする作業が必要です。

図6.4.1 ｜ データベース／BIツールのどちらでやるか悩ましい加工

会員番号	年齢	性別	累計購買額	顧客ランク
001	45	男性	4328	ライトユーザー
002	28	男性	18900	ヘビーユーザー
003	39	女性	1390	ライトユーザー

> マートテーブル作成時に作成しても
> BIツール上で作成してもOK

このように、データベース／BIツールのどちら側で計算・加工すべきか悩ましいケースがあります。特にこれといった決まりはないのですが、次の三つの観点で、データベース／BIツールのどちら側で計算・加工すべきか決めていくとよいでしょう。

● わかりやすさ（視認性）

マートテーブルを見たときに、入っている値が何を意味するかがわかりやすいかどうか、という観点です。特に、マートテーブルの作成者とダッシュボードの構築者が異なる場合は、ダッシュボード構築者が直感的に意味がわかるようなマートテーブルにしたほうがよいでしょう。

例えば、「都道府県」というカラムに1, 2, 3, …といった数値が入っているより「北海道」「青森県」など具体的な都道府県名が入っていたほうが、直感的に意味がわかるのではないでしょうか。このような場合は、データマート作成時にあらかじめデータベース側でコード値（例：1, 2, 3, …）をわかりやすい値（例：北海道、青森県、…）に変換しておいたほうがよいでしょう。

● 動的かどうか

ダッシュボードの体験デザインとして動的な要素がある場合は、BIツール側でフラグ付けの計算が必要になることがあります。

例えば、「集計期間内に特定の行動をしたかどうか」によってフラグ付けをする場合です。集計期間をダッシュボード上で設定した上で、その期間に応じて動的にフラグの有無（特定の行動有無）を変える必要があります（図6.4.2）。

このような場合は、マートテーブルではフラグを持たず、生データに近いデータを持っておきます。そして、BIツール上で集計を行い、条件に当てはまる場合にフラグを立てるようにします。

図6.4.2 │ 動的な要素がある場合

注文日	会員番号	購買額
2022/11/1	001	5000
2022/11/2	002	8000
2022/11/3	001	6000
2022/12/20	001	4000
2022/12/31	002	10000

フラグ条件：
期間中購入金額が1万円以上であれば「1」
1万円未満であれば「0」

期間：2022/11/1 ～ 2022/11/30の場合
● 会員001はフラグ「1」
● 会員002はフラグ「0」

期間：2022/11/1 ～ 2022/12/31の場合
● 会員001はフラグ「1」
● 会員002はフラグ「1」

BIツール上で集計を行う場合は、集計済みデータではなく生データに近いデータを持つ必要があるため、データサイズが大きくなりすぎる、計算の負荷がかかりダッシュボードの描画が遅くなりすぎる、などの問題が発生する場合があります。このような場合は、動的な要素を諦めて、データベース側でフラグを持つケースもあります。

● 汎用性

ダッシュボード以外にも他の目的で同じデータを使うのであれば、データベース側で先に計算・加工しておくとよいでしょう。同じデータを利用して別のダッシュボードを作成する場合や、マーケティング施策を実施する場合などが、このケースに当たります。

例えば、図6.4.1の「ライトユーザー」「ヘビーユーザー」の定義を用いてダッシュボード上で可視化するだけでなく、ライトユーザーとヘビーユーザーに分けてメール施策を行う場合などは、ダッシュボードと施策で同じ定義を利用するので、あらかじめデータベース側で計算・加工しておいてもよいでしょう。

別々の目的で毎回同じような変換を行うのであれば、あらかじめ変換を行った汎用的なテーブルを利用して、各種用途に活用するほうが効率がよいです。

6.5

データ更新のルール化

更新方法

ダッシュボードで利用するマートテーブルの多くは、作成して終わりではなく、データが日々更新されるものがほとんどです。そのため、データ更新の方法や頻度について決めておく必要があります。

データの更新は、基本的には自動更新を推奨します。ただし、ツールの仕様やデータの種類によっては自動更新できない場合もありますので、自動更新できるもの／できないものに切り分けて、ルール化していくとよいでしょう。

● 自動更新できるもの

データソースとBIツールでデータ連携が可能であり、データソース／BIツールの双方で更新のスケジュールを設定できる場合は、スケジュール設定を行いましょう。当然ですが、データソース側での更新の後にBIツール側でデータの更新が行われるように設定します。時間指定などをする場合は、少し余裕を持ったスケジュールにしましょう。

例）
- ・データソース側：毎朝5時に更新開始（所要時間およそ1時間）
- ・BIツール側：毎朝7時に更新
※データソース側の更新は朝6時に完了する想定ですが、データ量などによって所要時間が前後する可能性があるため、余裕を持ってBIツール側の更新を朝7時に設定

● 自動更新できないもの

自動でデータ連携ができない場合や、手動で都度作成する必要があるデータ（例：毎月の目標数値、コンテンツマスタ、広告パラメータのマスタ）は自動更新ができません。こういったデータに関しては、格納場所や頻度などのルールを決めて運用するのがよいでしょう。

例えば、「毎週月曜日に○○さんが△△からダウンロードし、□□のフォル

ダに××というファイル名で格納する」といったルールを決めて運用します。更新方法についてマニュアルを整備してもよいでしょう。

更新頻度

　データの更新頻度についても、適切な頻度を決定しておく必要があります。ダッシュボードのデータが適切な頻度で更新されなければ、ダッシュボードを見て適切な意思決定ができないためです。そうなると、せっかく作成したダッシュボードがだんだんと使われなくなってしまいます。

　一般的なビジネスダッシュボードでは、日次での更新が基本となることが多いです。日次更新の場合は、前日分のデータが当日の朝（可能であれば始業前）に更新されていると使い勝手が良いでしょう。もう少しリアルタイム性が必要な場合は、数時間に1度（例：6時間に1度、1日4回）の頻度で更新する場合などもあります。

　また、**データの更新頻度について、ダッシュボードのユーザーに周知することも重要です。**ダッシュボードが多数のユーザーに利用される場合に、ユーザーがいつ時点のデータを見ているのかわからず、誤った解釈を招いてしまう恐れがあるためです。更新頻度をテキストに残しておくか、ダッシュボードが持っているデータの最新日付をダッシュボード上に表示しておくと、どの時点までのデータが入っているかが明確になります。

6.6

データ準備にまつわる
課題と解決策

課題1：手戻りが多くなってしまう

この節では、データ準備においてたびたび発生する課題について触れます。具体的なものから、抽象的なものまで粒度は様々ですが、ダッシュボード構築の現場でよく起こる課題についていくつか挙げていきます。

「手戻りが多くなってしまう」ことはデータの作成者とダッシュボード構築者が異なる場合に多く発生する課題です。データが完成し、いざダッシュボード構築を始めようとなった段階で、実現できないチャートやフィルターなどがあることに気付きます。そして、ダッシュボード構築者がデータ作成者にフィードバックし、データの作り直し……ということになってしまいます。何度も手戻りが起こると、ダッシュボード構築に想定より時間がかかってしまいます。さらに、データの粒度や形式などが途中で変更になった場合、途中まで作成したBIツール側の修正も発生してしまいます（図6.6.1）。

このような手戻りを防ぐには、最終成果物のイメージをしっかりと固めておくことと、最終成果物をイメージ通りに実現するためのデータの要件をきちんと定めておくことが重要です。

ダッシュボード構築の途中で仕様を変更する必要が出てくることもあります。いざ作成してみたら「こちらの見せ方のほうがわかりやすいな」となる場合などです。こういった場合に備えて、BIツール側でダッシュボードの仕様を柔軟に変更できるようなデータを作成しておくことも一つの対応策です。先に述べた6.4の「どこまでデータベース側で計算・加工するか」の観点を参考に、考えてみるとよいでしょう。

また、データ作成者は、最初はなるべく細かめ・広めにデータを作成しておき、必要のないデータは後で削るようにすると、「必要なデータが足りないため、データマートを作り直す」という手戻りを防ぐことができます。

図6.6.1 | 手戻りの例

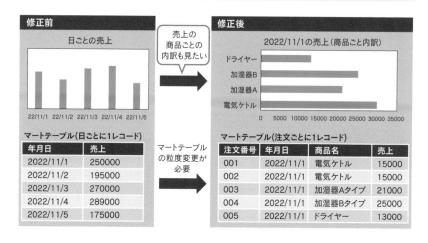

課題2：分析するには粒度が細かすぎる

　ディメンションのカーディナリティが高い、つまり、種類が多岐にわたるものを集計する場合によく発生する課題です。例えば、Webアクセス解析の場合、ページURLや広告パラメータなどのディメンションごとに集計しても、ページ数やパラメータの種類があまりにたくさんあるため、「結局何が言えるのかわからない」となってしまいがちです。

　Web広告の効果を測定するために、広告パラメータごとにWebサイトへのアクセス数を集計したとしましょう。クリエイティブごとに細かくパラメータを分け、キャンペーンも多数にわたると、パラメータの種類が何十、何百となることもあります。これらをパラメータごとに集計した結果を見ても、ぱっと見て示唆を得ることは難しいでしょう。

　こうした場合には、マスタデータを作成することが有効です。図6.6.2のように、パラメータと広告の媒体やメニューなどのカテゴリのマッピングができるテーブルを用意します。マスタデータを結合することで、パラメータごとに集計された数値を見るのではなく、カテゴリごとに集計された数値を見て、大まかな傾向を把握できます（図6.6.3）。

図6.6.2 | キャンペーンマスタの例

広告パラメータ	媒体	メニュー	キャンペーン	ターゲット	開始日	終了日
a_2302_new	媒体A	バナー	ブランド認知キャンペーン	新規	20230202	20230218
a_2302_new_ijkl	媒体A	動画	ブランド認知キャンペーン	新規	20230202	20230218
a_2303_mnop	媒体A	動画	EC訪問者リターゲティング		20230315	20230331
a_2303_new	媒体A	バナー	ブランド認知キャンペーン	新規	20230315	20230331
a_2303_rep_abcd	媒体A	バナー	リピート向けキャンペーン	リピート	20230315	20230331
a_2304_mnop	媒体A	動画	EC訪問者リターゲティング		20230401	20230416
b_2301_new_abcd	媒体B	リスティング	商品A新規獲得	新規	20230115	20230201
b_2302_new_efgh	媒体B	リスティング	商品B新規獲得	新規	20230202	20230218
b_2303_new_ijkl	媒体B	リスティング	商品C新規獲得	新規	20230315	20230331
c_2301_new_abcd	媒体C	リスティング	商品A新規獲得	新規	20230115	20230201
c_2302_new_efgh	媒体C	リスティング	商品B新規獲得	新規	20230202	20230218
c_2303_new_ijkl	媒体C	リスティング	商品C新規獲得	新規	20230315	20230331
c_2303_rep_abcd	媒体C	バナー	商品Aリピート獲得	リピート	20230315	20230331
c_2303_rep_efgh	媒体C	バナー	商品Bリピート獲得	リピート	20230315	20230331
c_2303_rep_ijkl	媒体C	バナー	商品Cリピート獲得	リピート	20230315	20230331
ow_2301_new_zzzz	自社メディア	メルマガ	潜在層掘り起こし	新規	20230115	20230201
ow_2301_rep_ijkl	自社メディア	マイページ	商品Cリピート獲得	リピート	20230115	20230201
ow_2302_new_efgh	自社メディア	メニュー横バナー	商品B新規獲得	新規	20230202	20230218
ow_2302_rep_abcd	自社メディア	メルマガ	商品Aリピート獲得	リピート	20230202	20230218

図6.6.3 | キャンペーンマスタを利用してカテゴリ分けできるようにする

広告パラメータ	閲覧数	クリック数	クリック率	CV数	CV率
a_2302_new	10	0	0.00%	0	
a_2302_new_ijkl	650	50	7.69%	0	0.00%
a_2303_mnop	3,000	40	1.33%	4	10.00%
a_2303_new	30	0	0.00%	0	
a_2303_rep_abcd	2,000	30	1.50%	1	3.33%
a_2304_mnop	5,000	30	0.60%	3	10.00%
b_2301_new_abcd	150	2	1.33%	1	50.00%
b_2302_new_efgh	6,000	10	0.17%	1	10.00%
b_2303_new_ijkl	3,000	80	2.67%	2	2.50%
c_2301_new_abcd	1,000	50	5.00%	3	6.00%
c_2302_new_efgh	2,500	20	0.80%	2	10.00%
c_2303_new_ijkl	300	50	16.67%	1	2.00%
c_2303_rep_abcd	4,000	50	1.25%	5	10.00%
c_2303_rep_efgh	300	3	1.00%	1	33.33%
c_2303_rep_ijkl	50	20	40.00%	3	15.00%
ow_2301_new_zzzz	800	80	10.00%	6	7.50%
ow_2301_rep_ijkl	3,000	150	5.00%	7	4.67%
ow_2302_new_efgh	2,000	50	2.50%	1	2.00%
ow_2302_rep_abcd	1,000	150	15.00%	9	6.00%

媒体	メニュー	閲覧数	クリック数	クリック率	CV数	CV率
媒体A	バナー	2,040	30	1.47%	1	3.33%
	動画	8,650	120	1.39%	7	5.83%
媒体B	リスティング	9,150	92	1.01%	4	4.35%
媒体C	バナー	4,350	73	1.68%	9	12.33%
	リスティング	3,800	120	3.16%	6	5.00%
自社メディア	マイページ	3,000	150	5.00%	7	4.67%
	メニュー横バナー	2,000	50	2.50%	1	2.00%
	メルマガ	1,800	230	12.78%	15	6.52%

課題3：生データではデータが膨大すぎる

　膨大なトランザクションデータを可視化する際によく発生する課題です。毎日データが増えていくため、数カ月でダッシュボードのパフォーマンスに問題が発生することがあります。

　対処法としては2種類あります。6.4の「データのサイズ」で述べている通り、データ期間を必ず一定期間で区切るようにしたり、少し粗い粒度で集約したりするとよいでしょう。

6.7

ダッシュボード構築

　データの準備が終わるとダッシュボード構築に進みます。データマートをBIツールに接続し、要求定義・要件定義やダッシュボード設計（分析設計、ダッシュボードデザイン）の内容をもとに構築します。

　このフェーズの作業内容は各BIツールに依存し、また多くの資料や書籍で解説されているため、本書では詳細な解説は割愛します。

　ここでは、参考としてBIツール設定の作業ステップについて触れておきます。BIツール設定では以下のように作業を進めます。

　　① データ接続
　　② データ前処理
　　③ 関数作成・計算チェック
　　④ チャート作成
　　⑤ ダッシュボードレイアウト作成・チャート配置
　　⑥ フィルターなどの動的機能の設定・動作チェック
　　⑦ パフォーマンスチェック

● データ接続

　データベースやSaaSの各社サービスなどのデータソースへの接続設定を行います。接続設定と聞くと難しい作業が必要な印象を受けますが、BIツールでは画面上の簡単な操作で行えるため、エンジニアリングの知識がないユーザーでも容易に設定できます。

　さらに、BIツールによっては、標準機能としてサポートされていないサービスに対してもプログラミングを行うことで、自由にデータソースに接続できる拡張機能を提供しているものもあります。

● データ前処理

　データソースのテーブル結合と加工を行います。テーブルの結合では複数のテーブルを一つに統合します。テーブルを結合しなくてもダッシュボード構築は可能ですが、複数のテーブルを横断しないと実現できないチャートを作成する場合は、テーブルの結合が必要です。

　例えば、ECサイトの会員ランク別の人気商品売上ランキングを作成する場合、会員ごとの商品別売上実績のテーブルと会員ごとのランクのテーブルの二つを横断したチャートを作成することになります（売上実績側に会員ごとのランクが紐づいていない場合）。

　このような場合は、それぞれが独立したテーブルの状態ではチャートが作成できないため、テーブル結合を行います（図6.7.1）。テーブル作成時に結合

図6.7.1 | テーブル結合が必要な例

会員ごとの商品別売上実績

購買月	会員番号	商品	購買額
2022/01	001	AAA	1000
2022/07	001	BBB	2000
2022/11	001	CCC	1500
2022/03	002	DDD	8000
2022/09	002	EEE	10000
2022/08	003	FFF	3000
2022/08	004	EEE	10000

会員ごとのランク

会員番号	年齢	性別	顧客ランク
001	45	男性	ライトユーザー
002	28	男性	ヘビーユーザー
003	39	女性	ライトユーザー
004	33	女性	ミドルユーザー

会員番号をキーにして売上実績に顧客ランクを結合

購買月	会員番号	商品	購買額	顧客ランク
2022/01	001	AAA	1000	ライトユーザー
2022/07	001	BBB	2000	ライトユーザー
2022/11	001	CCC	1500	ライトユーザー
2022/03	002	DDD	8000	ヘビーユーザー
2022/09	002	EEE	10000	ヘビーユーザー
2022/08	003	FFF	3000	ライトユーザー
2022/08	004	EEE	10000	ミドルユーザー

するケースもあれば、BIツール上で結合するケースもあります。どちらが良いか決まりはありませんが、考え方を**6.3**や**6.4**で紹介しています。

　テーブルの加工では、次の処理を行います。

- 数値計算
- 文字列処理による値の変更
- 新たな列の追加
- 必要であればダッシュボード構築に不要な行の除外

　特定の行の除外が必要な例は、データソースとしてはかなり古い年代から存在するデータだが、ダッシュボードでは直近3年分のデータだけ見たいというケースです。この場合はテーブルの日時情報に該当する列（購買月、決済月、商談日、来店日など）の値を条件にして除外設定を行います（図6.7.2）。

図6.7.2 | 特定の行の除外が必要な例

会員ごとの売上実績

購買月	会員番号	購買額
2019/01	011	5000
2020/04	011	7000
2021/11	011	7000
2022/03	011	4000
2018/04	012	3000
2019/08	012	5000
2020/05	012	5000
2020/07	012	3000
2022/01	012	8000
2020/03	013	4000
2020/09	013	6000
2021/03	013	6000
2021/08	013	6000
2022/05	013	10000
2023/01	013	15000

2023年7月に3年分（2020/07-2023/06）のデータを使いたい場合

- 会員番号011の2019/01と2020/04
- 会員番号012の2018/04と2019/08と2020/05
- 会員番号013の2020/03

の売上実績は使わない＝**2020/06以前のデータを除外する**

● 関数作成・計算チェック

　チャート作成に必要な関数の作成を行います。作成する関数は、合計や平均のような基本的な集計関数の他、特定の値を持つ顧客を分類するための条件分岐関数の作成なども含まれます。特にダッシュボードの集計期間内のデータを対象とした動的な分類はデータベース側ではできないため、BIツール側で関数を作成する必要があります。例えば、ユーザーが任意に設定した集計期間内に3回以上商品を購入した顧客や1回当たりの購入金額が一定金額以上の顧客を分類する場合は、条件分岐の関数を用いてBIツール側で分類を行います。

　計算チェックでは、作成した集計関数の計算結果がデータベースで直接集計した値や過去の分析レポートなどの数値と一致するかを確認します。

　数値の整合性を担保することは非常に重要です。ダッシュボードで計算された集計結果とダッシュボード構築以前の報告内容の数値が異なる場合、ビジネスにおいて、どちらを正しいものとして扱うのか判断できずに現場に混乱が生じます。ビジネスにおける意思決定が正しく行えないリスクがあるので数値の整合性の確認は必ず行うようにしましょう。

　ダッシュボードの集計結果とダッシュボード構築以前の報告内容の数値が異なる場合は、ダッシュボードのデータソースにデータの欠損が生まれていないか、データ集計の対象が一致しているか、集計関数などで指標の計算ロジックが一致しているかなどを確認して、可能な限り数値の整合性が担保されるようにデータパイプラインの実装内容やBIツールの設定内容を修正してください。

● チャート作成

　設計した指標や比較軸、ダッシュボードのデザインに基づき、BIツールでチャート作成を行います。チャート作成のステップは作業の効率性から前述の関数作成・計算チェックと並行して作業を行うことも多いです。具体的なチャート作成方法は、導入するBIツールの解説書や公式のヘルプドキュメントを参照してください。

● ダッシュボードレイアウト作成・チャート配置

ダッシュボードのデザインに基づいてチャートの配置やフィルターの配置、注釈テキストの配置などを行います。ダッシュボードの大きさ・レイアウトの色使い・テキストのサイズ・各チャート間の余白のサイズなどの細かい調整も、このステップで、一括で行うと効率的です。

● フィルターなどの動的機能の設定・動作チェック

ダッシュボード構築の仕上げの工程として、フィルターの設定や他のダッシュボードへ移動するリンクの設置、チャートにマウスオーバーした際に表示させる詳細情報の内容や書式の調整などを行います。

これらのダッシュボードの動的な機能は、設定の誤りが発見しづらい機能であるため、設定後に分析時の操作を想定した動作確認を必ず行ってください。

● パフォーマンスチェック

最終確認として、パフォーマンスチェックを行います。パフォーマンスチェックでは、ダッシュボードの各チャートが表示されるまでにかかる時間やフィルターの動作の処理時間など、ダッシュボード利用時にユーザーに要求する待ち時間の長さを確認します。ユーザーのダッシュボード利用頻度によって目安が変わりますが、毎日使うようなダッシュボードの場合、チャートが表示される表示までに数分を要するようであれば、パフォーマンス改善が必要でしょう。

パフォーマンスに問題がある場合は、ダッシュボードに用いているテーブルの行数を削減するためにテーブル設計を見直し、テーブルの結合条件の最適化を検討、BIツールの集計関数の内容が計算負荷の高いものになっていないか確認・修正などを行ってください。

上記のBIツール設定のステップを経て、ダッシュボードを構築します。もちろん、BIツールによって機能や操作手順に違いはありますが、基本的な作業方針は同じと考えてよいです。

Treasure Data CDPでの
データマート環境整備

　このコラムでは、Treasure Data CDPでのデータマート環境整備について紹介します。

　6.3でも少し触れましたが、私たちのチームのダッシュボード構築プロジェクトでは、各データソースからTreasure Data CDPに格納したデータを用いて、ダッシュボード用のデータマートを作成しています。各データソースから取り込んだデータを、Treasure Data CDPの中で、処理の状態に応じて三つのレイヤー（階層）に分けて管理しています（図6.7.3）。

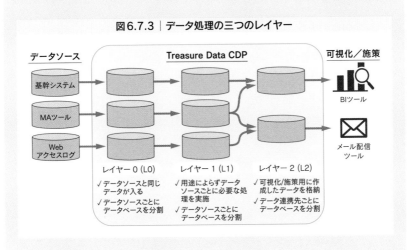

図6.7.3 ｜ データ処理の三つのレイヤー

　まず、取り込んだデータをそのまま格納しているのがL0（レイヤー0）です。L0のデータベースには、取り込んだデータを加工せずにどんどん追記します。

　次に、L1のデータベースには、L0のデータを一次加工したデータが入ります。基本的にはテーブルの構造は変更せず、データ型の変換やク

レンジング、データソース間の結合キーとなるカラム名の名寄せなどを行います。

　最後に、L2のデータベースには、L1のデータを加工・集計して作成した、データ可視化やマーケティング施策などに活用するためのテーブル（マートテーブル）が入ります。マートテーブルは、複数のテーブルを結合して作成したテーブルとなることが多いです。ダッシュボード用のマートテーブルもL2のデータベースに作成され、BIツールと接続されます。

　L0, L1まではデータソースで持っているテーブルの形をそのまま引き継いで作成しますが、L2では、接続先の要求仕様に合わせたテーブルを作成します。

　Treasure Data CDPでは、これらの「取り込み→L0→L1→L2→出力」という流れでデータを処理するワークフローを構築し、日々自動で処理しています。

　Treasure Data CDPは複数のデータソースからのデータを取り込み、統合することが可能なため、領域横断的な集計を行えます。例えば、ECサイトの注文データ・Webアクセスログ・メルマガ配信履歴の三つのデータをかけ合わせることで、メルマガを配信したユーザーのメール開封〜ECサイト訪問〜ECサイトでの購買までを繋げて見ることができます。他にも、一つのIDで複数のサービスを運営している会社の場合は、複数サービスの利用データを統合することで、サービスの併用状況などを分析できます。

　また、Treasure Data CDPは広告プラットフォームやMAツールなどへのデータ連携も可能です。統合データ環境を作成し、可視化・分析した結果を踏まえて、施策に向けたデータ連携ができることもTreasure Data CDPのメリットです。

第7章

運用・レビュー・サポート

7

7.1
構築が終わってからが本番

この章で説明すること

　ダッシュボードの構築が終わったら、いよいよダッシュボードの利用が始まります。長かったダッシュボード構築プロジェクトがようやく一段落……と思いきや、実はここからが本番です。ダッシュボードの利用が進む中で改善すべき点が見つかったり、そもそもユーザーが利用していなかったりといった課題が発生することもあります。また、利用され続けるためには、機能面でのメンテナンスも必要です（図7.1.1）。

　この章では、ダッシュボードが利用され続けるための取り組みとして、次の内容を説明します（図7.1.2）。

①レビュー
②サポート
③改善・メンテナンス

図7.1.1 | ダッシュボード構築プロジェクトの全体像

| 要求定義・要件定義 | ダッシュボード設計 | データ準備 | ダッシュボード構築 | 運用・レビュー・サポート |

この章で扱うフェーズ

図7.1.2 | ダッシュボードが利用され続けるために必要な取り組み

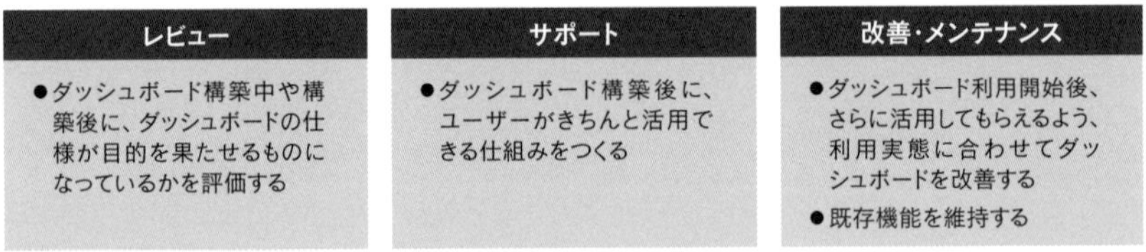

レビュー	サポート	改善・メンテナンス
●ダッシュボード構築中や構築後に、ダッシュボードの仕様が目的を果たせるものになっているかを評価する	●ダッシュボード構築後に、ユーザーがきちんと活用できる仕組みをつくる	●ダッシュボード利用開始後、さらに活用してもらえるよう、利用実態に合わせてダッシュボードを改善する ●既存機能を維持する

● レビュー

　利用され続けるダッシュボードを作成するためには、構築中・構築後に
様々な観点でレビューを受けることが重要です。レビューの目的により、レ
ビューの時期・観点・レビュワーとして適した人物が異なります。必要なレ
ビューの種類や内容については、**7.2**で詳しく説明します。

● サポート

　ダッシュボードが利用され続けるためには、ユーザー向けのサポートも欠
かせません。ダッシュボード構築後、ユーザー向けに説明会を実施するなど、
ユーザーの疑問を解決できる仕組みを整えておくことが重要です。必要なサ
ポートについては**7.3**で詳しく説明します。

● 改善・メンテナンス

　ダッシュボードの利用が始まったら、定期的に利用状況のモニタリングを
行い、必要に応じて改善しましょう。また、既存の機能を維持するためのメ
ンテナンスも必要です。改善やメンテナンスについては**7.4**で詳しく説明し
ます。

7.2

レビュー

レビューの段階と内容

　活用されるダッシュボードを作成するためには、構築前〜構築後のいくつかの段階でレビューを行うとよいでしょう。この節では、各段階でのレビューの実施時期・レビュワーとして適した人物・レビュー観点について紹介します。

　ダッシュボード構築前に行うレビューには、「機能レビュー」「デザインレビュー」があります。ダッシュボード構築後に行うレビューには「数値整合性レビュー」「テスト運用レビュー」「導入後効果レビュー」があります（図7.2.1）。

図7.2.1 │ レビューの種類と実施時期

機能レビュー

機能レビューでは、これから構築するダッシュボードが必要な機能を備えているかどうかをレビューします。

● レビューの時期

　ダッシュボード設計後、構築を開始する前に行うことが望ましいです。要件をまとめた資料（第3章〜第5章で紹介したダッシュボード要件整理票やダッシュボード詳細設計書）やワイヤーフレームやモックアップなどを見な

がら、ダッシュボードの機能が必要十分かどうかを確認しましょう。

● レビュワー

　利用者にとって必要十分な機能を備えているかどうかを判断するため、レビュワーはダッシュボードの主なユーザーが適切です。

● レビュー観点

　次の観点でレビューします。

- このダッシュボードに求める分析要件（指標や比較軸、フィルター）は揃っているか
- このダッシュボードは想定していた使い方ができそうか
- このダッシュボードがあればアクションに必要な意思決定ができそうか

デザインレビュー

　デザインレビューでは、ダッシュボードがデザイン面・操作面で利用しやすいものになっているかどうかをレビューします。例えば、ダッシュボードのユーザーが知りたいことが、どのチャートを見ればわかるのか、わかりやすい画面構成になっているか。色使いやフォントサイズなどの見た目によって誤解を生んだりわかりづらい印象を与えるものになっていないか、操作が複雑すぎて使いづらくなっていないか、といった点を確認します。

● レビューの時期

　機能レビューと同様、ダッシュボード設計後に行うのがよいでしょう。

● レビュワー

　ダッシュボードの主なユーザーが適切です。また、客観的な意見を集めるために、ダッシュボード構築プロジェクトの関係者以外の同僚にレビューしてもらうのもよいでしょう。関係者以外の人物の場合は、ダッシュボード構築についてある程度の理解がある人にレビューしてもらうと、デザインに関したより具体的なフィードバックが得られます。

次のような観点でレビューします。

- 画面のレイアウト構成は使いやすいものになっているか
- チャート形式は目的に沿ったわかりやすいものになっているか
- トンマナ（色使いやスタイル）は適切か
- ワーディング（言葉遣い）は適切か
- 認知負荷（意味や機能を理解するためにユーザーが処理しなければならない情報量の負荷）が高くないか
  例）色、文字サイズ、チャートサイズ、チャート形式
- 操作方法が難しすぎないか
  例）フィルターやハイライトなどインタラクティブ機能

数値整合性レビュー

　機能やデザインが優れているダッシュボードでも、データが正しくなければ信用できるものにはなりません。**数値整合性レビューでは、ダッシュボード上に表示される数値が実情と合っているかを確認します。**数値の整合性を確認することで、指標の計算ロジックや利用するデータの抽出条件が適切かの再確認に繋がります。

● レビューの時期

　ダッシュボード構築後、ダッシュボードに実データを反映してレビューを行うのがよいでしょう。

● レビュワー

　数値面の整合性がわかる人物が適切です。ビジネス面での数値の理解があるダッシュボードのユーザーや、集計方法への理解があるデータ周りの担当者が行うとよいでしょう。

● レビュー観点

次の観点でレビューします。

- 各指標の数値が合っているか
  例）基幹システムとダッシュボードで売上・購買額などの数値を比べる、といった方法で確認する

また、各指標の数値が合っていない場合、改めて以下を確認します。

- 指標の計算ロジックが合っているか
- 用いているデータ（テーブルやカラム）が合っているか

テスト運用レビュー

次に、**実際にダッシュボードを試運用してみて不備がないかを確かめるテスト運用レビューを行います。**レビュー内容は機能レビュー、デザインレビューと重複する部分が多くなりますが、実際に業務で利用するという、より現実的な状況下で不備がないかを確認します。

● レビューの時期

ダッシュボード構築後、もしくはプロトタイプ作成中に行うことが望ましいです。構築後であれば、実際に完成したダッシュボードを数日利用してみて、機能面やデザイン面で不足している点を洗い出しましょう。プロトタイプ作成中にレビューを行う場合は、データがサンプルデータであったり、機能面で未完成のこともあると思いますが、実際に利用してみてフィードバックを行います。

● レビュワー

利用していて機能やデザインに不備がないかを確認するため、ダッシュボードの主なユーザーが適切です。

● レビュー観点

次のような観点でレビューします。

- 実際の業務内で利用してみて、不備がないか
  例）足りない指標や切り口がないか
- 使い勝手の面で、不備がないか
  例）操作のしやすさ、表示までにかかる時間
- 機能レビューやデザインレビューの観点も改めて確認

導入後効果レビュー

導入後効果レビューはこれまで説明してきた他のレビューとは少し性質が異なります。先の四つのレビューはダッシュボード自体を評価するためのものでしたが、**導入後効果レビューでは「ダッシュボードを導入したことによって、ビジネスや業務にどのような影響を与えたか」**を確認します。

● レビューの時期

最適な実施タイミングはダッシュボードの目的・性質によりますが、導入後ある程度日数をあけて実施します。業務プロセス改善（レポート作成作業の効率化や最適化など）が目的の場合は1カ月〜3カ月後のタイミングで効果をレビューし、半年〜1年後に2度目のレビューを行うとよいでしょう。

一方で、分析を実施し施策を行うことが目的の場合、分析、施策プランニング、施策実施、施策効果測定と期間を要するため、半年以上経過してからレビューを行うことが多いです。短期間で可能な場合でも、導入して3カ月は経過した後にレビューを行うとよいでしょう。

ダッシュボード導入の目的・性質に合わせて適切なレビュー時期を設定することが重要です。

● レビュワー

　ダッシュボードを利用する業務領域に関わる方が対象です。ダッシュボードを実際に確認するユーザーも対象ですし、ダッシュボードのデータから報告書などを作成している場合は、報告を受ける人も対象です。ダッシュボードの確認からその後のアクションまで、全てのプロセスに関わる人が対象となります。

● レビュー観点

　次のような観点でレビューします。

- ダッシュボード導入による定量的な効果はあったか
  例）レポート作成作業時間の削減、施策による売上増
- ダッシュボード導入による定性的な効果はあったか
  例）PDCAサイクルが速く回るようになった、改善施策の幅が増えた、組織の横の繋がりが強くなった

7.3
サポート

説明会の実施

　ダッシュボードが利用されるためには、ユーザーがダッシュボードの仕様や操作方法をきちんと理解して使える状態をいかに作るかが重要です。 そのために、ダッシュボードを構築した人がユーザーをサポートしましょう。

　具体的には、説明会の実施や説明資料の準備、Q&Aの場の設置などがあります。自分の会社やチームに合った適切な方法を検討してください。

　サポートとしてまず挙げられるのは、社内説明会の実施です。ダッシュボードのユーザーに向けて、ダッシュボードの操作方法や画面の構成について説明することで、ユーザーが自ら操作できるようになることが目的です。

　説明会では、次の内容について話します。

①このダッシュボードの目的や役割
②ダッシュボード画面の構成の解説
③ダッシュボード操作方法の解説
④具体的な分析〜意思決定シナリオを例に、ダッシュボードの使い方解説

　説明会の開催方法は、オンライン・オフラインのどちらでも問題ないですが、解説の画面がよく見えるよう、画面共有や投影をしながら解説するとよいでしょう。また、説明用の資料を準備したり、説明会の様子を録画したりすると、途中から参加した人や参加できなかった人にも共有できるため、とても便利です。

　また、説明会の前に、ユーザーにダッシュボードの利用権限を付与しておきましょう。説明会中に実際にダッシュボードを操作してもらうことで、より具体的な質問が出やすくなります。

説明資料の準備

　ダッシュボードの説明資料を準備し、ダッシュボードユーザーに展開することも重要です。説明会では説明しきれない細かい仕様の話を補う資料を準備することで、ユーザーのダッシュボードへの理解を促進します。また、ダッシュボードを利用する中で疑問点が出てきても、ユーザー自ら説明資料を読むことで自己解決できる可能性があります。

　説明資料の具体例としては、次のような資料が挙げられます。

- データマートのテーブル定義書
- 指標の計算ロジック
- ダッシュボードの構成要素がわかる資料
  （チャートエリアの説明や各チャートの説明）
- データの更新タイミング

　説明資料は、ダッシュボード構築が終わってからゼロから作成すると、作業負荷が高くなってしまいがちです。要件定義から構築までの過程で文書化した内容をユーザー向けに抜粋して作成すると、資料作成の負荷を少なくできます。

　説明資料が完成したら、ダッシュボードのユーザーがアクセスできる場所に格納し、お知らせしましょう。多くの人が閲覧できる共有フォルダに格納し、説明資料を更新したら更新版を共有フォルダにアップロードする、といった運用方法がおすすめです。

Q&Aの場の設置

　ユーザーのサポートとして、Q&Aの場の設置も検討します。ユーザーが気軽に疑問を解消できる場を設けることで、ダッシュボードがより活用されるようになります。

　ダッシュボードについての質問を投稿できるチャットグループを作成したり、定期的な質問会を設けたりするとよいでしょう。

　チャットグループはダッシュボードのユーザーと構築者の両方が参加する

ことで、ユーザーと構築者間での質疑応答だけでなく、ユーザー同士でのやりとりも発生します。ユーザー同士で疑問が解消されることに加えて、ユーザー間でのユースケースやノウハウの共有などが行われることもあるため、メリットが多くあります。

　質問会では、文面では伝えにくい質問を口頭で行ったり、わざわざ文面で共有するほどではない小さなTipsをやりとりしたりできるため、質問会ならではの良さがあります。

　Q&Aの場としてどのような仕組みを設けるべきか、自社の場合に照らして検討してみてください。

7.4

改善・メンテナンス

ダッシュボード構築後の対応

　無事にダッシュボードの利用が始まったらダッシュボード構築プロジェクトは終了……というわけではありません。**定期的に利用状態のモニタリングを行い、必要に応じて改善しましょう。また、既存の機能を維持するためのメンテナンスも必要です。**

● 利用状況モニタリングとユーザーインタビュー

　ダッシュボードがユーザーの役に立っているかを知るためにモニタリングやユーザーインタビューを行い、定期的に利用状況を確認します。

　まずは、想定ユーザーが定期的に閲覧しているかを確認します。BIツールによってはダッシュボード閲覧者や閲覧者数をモニタリングできる機能を備えているので、ユーザーの利用状況を確認するとよいでしょう。BIツール側で利用状況データを取得できる場合は、次のような内容を確認します。

- 週に（月に）何回くらい閲覧されているか
- 頻繁に利用している方は誰か、どういった役割の方か

　また、頻繁に利用している方・利用していない方を特定できる場合、その情報はユーザーインタビューにも役立ちます。頻繁に利用している方に、ダッシュボードのうちどの機能が一番役に立っているか、どのようなタイミングでどういうフローでダッシュボードの確認操作を行っているか、などを詳細に聞くことができます。

　BIツールでの利用状況の確認が難しい場合は、想定ユーザーにアンケートを取るとよいでしょう。ダッシュボードを閲覧している頻度、利用している機能・していない機能、利用する理由・しない理由などについてアンケートを取ります。

　また、ユーザーインタビューを行うこともおすすめです。ダッシュボードを利用している中で感じる不便な点や追加要望などがないかをヒアリングし

ます。ダッシュボードに追加すべき情報はないか、機能として加えてほしい
ものはあるか、逆に不要なものはないかなどの意見を集めます。

● 改善

　ダッシュボードの利用状況がわかったら、必要に応じて機能の改善や拡張
を行います。アンケートやインタビューで出た改善要望に対して、優先度を
つけて対応します。また、利用開始後に不具合が発見された場合は適宜改善
しましょう。種々ある改善要望の中では、業務上クリティカルなものから順
に対応していくとよいでしょう。

● メンテナンス

　既存の機能を維持するためのメンテナンスも重要です。利用を継続してい
るうちに、データの肥大化によりダッシュボードのパフォーマンスが悪化し
たり、マスタデータが古くなって現状に合わなくなったり、といったことが
発生する可能性があります。

　ダッシュボードのパフォーマンス、つまり、データの読み込みや計算処理、
チャート描画の速度が悪化していないかを定期的に確認します。パフォーマ
ンスが悪化している場合は、データが大きくなりすぎていないか、データ
マートの状況を確認しましょう。

　データの更新・追加が必要な場合もあります。手動で作成しているデータ
（マスタデータや目標売上数値など）が古くなって現状に即していない、と
いった場合です。よくあるのは、次のようなケースです。

- 店舗ごとの売上を表示しているダッシュボードで、新店舗が開店したの
  にマスタデータに反映されていない
- Webの広告キャンペーンが新しく始まったが、広告パラメータのマスタ
  が更新されていない
- 月次の目標売上と実際の売上を比較していたが、年度が変わったタイミ
  ングで新年度の目標売上が設定されていない

　これらは手動更新が必要なデータの更新タイミングで発生します。年次、
月次などタイミングを決めて更新するルールを決めるとよいでしょう。

付録

巻末付録
チェックシート

ダッシュボード構築プロジェクトのポイント

　第2章～第7章の重要なポイントをチェックシートとしてまとめました。プロジェクトを進める際の参考資料として、ご自身の知識を確認するための資料として活用してください。

　また、このチェックシートは、本書の付属データとしてダウンロードできます。詳しくは「付属データのご案内」をご覧ください。

● 第2章　ダッシュボード構築プロジェクトの全体像

参照項目	テーマ	内容
2.3	体制図	必要な役割に対し、スキルが網羅された体制になるようにプロジェクトメンバーをアサインする
2.4	プロジェクトの進め方	プロジェクトの特徴（期間、規模、仕様変更の可能性、体制など）に合わせて、進め方を決める
2.4	ロードマップ	プロジェクトゴールに向けて工程と中間目標・成果物を整理する 全体戦略や施策に関する内容も併記する
2.4	スケジュール進捗管理表	日単位・週単位でいつまでに何を完了させる必要があるのか整理する
2.4	タスク管理表	タスク内容、タスク担当者、タスクの想定終了日などの情報を記載し、定期的に更新する
2.4	課題管理表	どのタスクにどのような影響を及ぼす課題なのか、何を議論したいのかを具体的に記載する
2.4	各種会議	目的に合わせた頻度と参加者の設定をする 定期開催の会議は事前に予定を確保する
2.4	BIツール契約	作ろうとしているダッシュボードに必要な機能やコスト、学習のしやすさ、自社のIT環境との相性やスケーラビリティなどを考慮して選定する

● 第3章　ダッシュボードの要求定義・要件定義

参照項目	テーマ	内容
3.2	ユーザーのビジネスの情報整理	自社・競合・顧客の観点でビジネスの状況を整理する
3.2	ユーザーのビジネスの情報整理	外部要因（政治、経済、社会、技術など）を整理する
3.2	ユーザーの業務の情報整理	目標に加えて、目標達成のためにどのような取り組みをしている／これからするのかを整理する
3.2	ユーザーの業務の情報整理	目標に向けた課題やこれまでの取り組みでわかったこと（結果や改善点など）を整理する
3.2	KPIツリー	KGI・CSF・KPIをツリー上に整理する 主要なものが漏れなく挙げられているか、ダブリがないか確認する
3.2	As-Is/To-Beとギャップ	KGI・KPIについて現状と目標を整理し、そのギャップを評価する
3.2	課題の定義	As-Is/To-Be分析でわかったギャップに対し、どのギャップを埋めたいのか検討する
3.2	課題の構造整理	課題の構造を誰・何が、なぜ、どこで、いつ、どのように、どれくらいなど様々な視点で整理する
3.2	課題の優先順位	取り組む課題の優先順位を検討する。その際、ビジネスインパクト、要するコストの大きさ、課題の緊急度の高さを考慮する
3.3	想定ユースケース	具体的なアクションを想定し、誰が・何のために・どのように使うのか、どのような情報が必要かを整理する
3.3	ダッシュボードの全体構成整理	ダッシュボードの目的・特徴に合わせて構成（全体サマリー・テーマ別・詳細分析）を整理する
3.3	ダッシュボード要件整理票	ダッシュボードごとに目的、想定ユーザー、KGI・KPIや関連するデータソースを整理する

付録

参照項目	テーマ	内容
4.5	データ調査	分析設計を実施する前に、データソースレベルのデータ調査を行う
4.5	データ調査	分析設計を実施する前に、テーブルレベルのデータ調査を行う
4.5	データ調査	分析設計を実施する前に、カラムレベルのデータ調査を行う
4.3	分析設計の下準備	意思決定のパターンをもとに各ダッシュボードで実行する意思決定の内容を整理する
4.3	分析設計の下準備	意思決定の内容から各ダッシュボードにどのような分析タイプの分析要件が必要か整理する
4.4	分析設計の下準備	ダッシュボード要件整理票と意思決定・分析タイプの内容を下地にして、ダッシュボードの目的を再整理する
4.4	分析設計の下準備	ダッシュボードの目的を分解し、ダッシュボードの対象とするビジネスの課題・問いを整理する
4.4	分析設計	ビジネスの課題・問いから分析要件（指標と比較軸など）を整理する
4.4	分析設計	分析要件を整理する際、KPIツリーを参考に指標を選定する
4.4	分析設計	指標はKPIだけでなくそれに至る過程の行動も測定することを検討する
4.4	分析設計	指標選定時、指標の比較方法（大きさ・変化・構成比・分布・値の関係性）を意識して最適な方法を選択する
4.2	ダッシュボード詳細設計書の準備	「ダッシュボード名」を記入したダッシュボード詳細設計書を作成する
4.2	ダッシュボード詳細設計書の記入	整理した分析要件をダッシュボード詳細設計書に記入する（チャートの役割、指標、比較軸、フィルター要素）
4.2	ダッシュボード詳細設計書の記入	指標の計算ロジック、指標の目標値設定のうち分析設計の段階で判明している情報を記入する

● 第5章　ダッシュボードデザイン

参照項目	テーマ	内容
5.2	テンプレートデザイン	ダッシュボードを閲覧する端末やダッシュボードの用途を考慮し、ダッシュボードのサイズを決定する
5.2	テンプレートデザイン	ダッシュボードのサイズは、1画面ダッシュボードと縦長ダッシュボードの特徴を考えた上で決定する
5.2	ワイヤーフレームの作成	ダッシュボードのサイズを反映したワイヤーフレームを作成する （以降のデザイン作業を進めながら加筆する）
5.2	テンプレートデザイン	ダッシュボードの画面構成をワイヤーフレームに整理する
5.2	テンプレートデザイン	配色ルールとしてメインカラー、ベースカラー、アクセントカラーの色を決定する
5.2	テンプレートデザイン	比較軸の値や数値の状態（閾値を超えているか否か）などによる、チャートの配色ルールを決める
5.3	レイアウトデザイン	ダッシュボード詳細設計の分析要件を統合してチャートエリアを決定し、各分析要件のチャートエリアを分類する
5.3	レイアウトデザイン	分析の流れを考慮して、ダッシュボードのチャートエリアの配置を決める
5.3	レイアウトデザイン	ダッシュボード利用時に想定される分析の順序の図解を行い、チャートエリアの配置時に参考にする
5.3	レイアウトデザイン	チャートエリアごとにチャートの配置を行いワイヤーフレームに記入する （視線の流れる方向を考慮して配置）
5.4	チャートデザイン	基本の6チャートを主軸に、分析の目的に合致した最適なチャート形式を決定する
5.4	チャートデザイン	決定したチャート形式を、ワイヤーフレームに書き足す
5.5	インタラクティブ機能のデザイン	ダッシュボードに実装するインタラクティブ機能を決定し、フィルターやボタンをワイヤーフレームに追加する
5.2	ダッシュボード詳細設計書への記入	ダッシュボード詳細設計書を加筆修正（チャートエリア名、チャートの役割、チャートの形式、フィルター要素）する
5.4	モックアップの作成	ダッシュボード詳細設計書とワイヤーフレームを用いた関係者への完成イメージの共有が難しい場合はモックアップを作成する

参照項目	テーマ	内容
6.2	要件の確認	ダッシュボードの分析要件（指標・比較軸など）を確認する
6.2	要件の確認	各指標の計算ロジックを確認する
6.2	要件の確認	ダッシュボード構築に必要となるデータの粒度を確認する
6.3	テーブルの設計	データマートのテーブル（マートテーブル）の生成に利用するデータソース・テーブル・カラムの所在を確認する
6.3	テーブルの設計	マートテーブルをBIツールに接続する際のアーキテクチャを決定する
6.3	テーブルの設計	チャートデザインから逆算して、分析要件を満たすマートテーブルの要件を精査しテーブルを設計する
6.3	テーブルの設計	BIツールに接続するデータソースやマートテーブルのテーブル結合の条件（リレーションシップ）を整理する
6.4	テーブルの作成	テーブル設計に従いSQLなどでマートテーブルを作成する（指標の計算、条件判定、文字列の加工なども行う）
6.4	テーブルの作成	マートテーブルを作成するとき、分析要件を満たす最適なデータ粒度に集約することを心がける
6.5	データ更新のルール化	マートテーブルの更新方法・更新頻度について決定し、データパイプラインを構築する
6.7	ダッシュボード構築	BIツールにデータソース・データマートへのデータ接続の設定を行う
6.7	ダッシュボード構築	BIツールに接続されたデータに、データ前処理（テーブル結合・数値計算・カラムの加工処理など）を行う
6.7	ダッシュボード構築	チャート作成のために必要な関数や計算指標を作成し、その計算結果が正しいものであるかチェックする
6.7	ダッシュボード構築	ダッシュボードデザインに従い、チャートを作成する
6.7	ダッシュボード構築	ダッシュボードデザインに従い、ダッシュボードレイアウトを作成・チャートを配置する

参照 項目	テーマ	内容
6.7	ダッシュボード構築	必要に応じてフィルター機能など動的な機能を設定する（ボタン、他ダッシュボードへのリンクの追加など）
6.7	ダッシュボード構築	ダッシュボードのパフォーマンス（データを読み込み、チャートが表示されるまでに要する時間の長さ）を確認する
6.7	ダッシュボード構築	パフォーマンスが悪い場合、マートテーブルの設計・データ接続設定・関数や計算指標の設定の見直しなどを行う

● 第7章　運用・レビュー・サポート

参照 項目	テーマ	内容
7.2	レビュー	ダッシュボード構築前に、機能レビュー・デザインレビューを行う
7.2	レビュー	ダッシュボード構築後に、数値整合性レビュー・テスト運用レビュー・導入後効果レビューを行う
7.3	サポート	構築したダッシュボードの使用方法をユーザーへ解説する説明会を実施する
7.3	サポート	ダッシュボードの説明資料を作成し、ユーザーへ展開する
7.3	サポート	ダッシュボードについて質問ができるチャットグループや定期的な質問会の実施など、Q&Aの場を設置する
7.4	改善・メンテナンス	ダッシュボードの利用状況モニタリングとユーザーインタビューを定期的に実施する
7.4	改善・メンテナンス	ユーザーインタビューでは不便な点や機能追加要望などをヒアリングする
7.4	改善・メンテナンス	アンケートやインタビューで出た改善要望に対して、優先度をつけてダッシュボードの改善を行う
7.4	改善・メンテナンス	ダッシュボードのパフォーマンスのチェックや、手動作成したマスターデータの整備を定期的に行う

あとがき

　本書は、ビジネスダッシュボードの構築をする際に知っておくべき事項について、ダッシュボード構築の経験が浅い方にも読みやすいように平易な言葉で記した解説書です。これは、私が今から数年前にBIツールを初めて学び、データアナリストとしてクライアントへダッシュボードを構築・提供しようとしたときに、「このような本があったらよかったな……。」と考えていたものを実現したものになります。

　BIツールを操作してダッシュボードを構築するデモを見ると、ダッシュボードを構築することは簡単そうに思えるかもしれません。しかし、実際のダッシュボード構築はプロジェクトメンバーのソフトスキルのレベルによって、出来上がるものが大きく異なってしまう非常に難しい取り組みです。

　本書を一読いただいた方なら理解いただけると思いますが、ダッシュボード構築は単にBIツールの技術が高ければよいというものではありません。ダッシュボード構築プロジェクトを成功させるためには、コンサルティング・問題解決思考・データ分析・ダッシュボードデザイン・データ可視化・データエンジニアリングなど、多くのスキルや知識を持っていることが前提になっています。

　私がBIツールを学び始めた頃はそのようなことは当然知らなかったため、「使われないダッシュボード」を構築し、納品したダッシュボードがユーザーに利用されないといった失敗を何度も経験してきました。今ではダッシュボード構築に対するノウハウもたまり、「使われるダッシュボード」を構築できるようになりましたが、それはBIツールの操作やデータ可視化の技術だけでなく様々な分野について手探りで学んだ結果であり、ここまでの学習の道のりは決して効率的なものではなかったと思います。

　本書がダッシュボード構築プロジェクトにおける地図のような存在になり、多くの方が「使われるダッシュボード」を構築できるようになるための近道を示せていたら幸いです。

　本書は私だけの力では決して刊行まで至りませんでした。最後に、本書執筆にあたり力をお貸しいただいた方々へ感謝を。

　共同執筆者の藤井 温子さん、櫻井 将允さん、花岡 明さん。業務と並行しながらの執筆はかなりしんどかったと思います。本当にお疲れ様でした。

　本書のいくつかのダッシュボードイメージを作成していただいた佐々木 智広さん。ダッシュボードイメージによって本書のわかりやすさがぐっと向上しました。ありがとうございました。

　各章の構成作業に協力いただいた冨田 恭平さん、大城 夢河さん。お二人の貢献がなければ本書は今よりも読みづらい文章であったことでしょう。共に執筆した仲間だと、勝手ながら思っています。

　本書の内容を第三者的な目線でチェックいただいた三浦 喬さん、田井 義輝さん、坂本 登さん、根間 綾さん。有益なご意見をいただきありがとうございました。

　本書執筆にあたり、裏方として支えていただいた池内 聖子さん、熊谷 博子さん。執筆にあたっての契約の手続きや写真撮影の手配などをしていただき、とても助かりました。

　本書が多くの人の手に渡りビジネスダッシュボードの構築に役立つことを願っています。

2023年5月　トレジャーデータ株式会社

池田 俊介

付属データのご案内

付属データのダウンロード方法

　本書の付属データとして、翔泳社のサイトから次の内容をダウンロードできます。下記URLにアクセスし、Webページに記載されている指示に従ってダウンロードしてください。

```
https://www.shoeisha.co.jp/book/download/9784798177649/
```

　付属データのファイルは.zipで圧縮しています。ご利用の際は、必ずご利用のマシンの任意の場所に解凍してください。

事例紹介

　紙面の都合上、書籍本体には収録できなかった内容をPDFファイル（.pdf）で提供しています。お客様の事例をもとにダッシュボード構築プロジェクトの一連の流れを紹介しています。

チェックシート

　巻末の「付録」に掲載した内容を、Excelファイル（.xlsx）で提供しています。

本書で解説した設計書などのテンプレート

　整理票や設計書など、表形式で情報を整理するためのテンプレートのセットです。Excelファイル（.xlsx）で提供しています。

- スケジュール進捗管理表（2.4）
- タスク管理表（2.4）
- 課題管理表（2.4）
- ビジネス・業務の情報整理シート（3.2）
- 想定ユースケースヒアリングシート（3.3）
- ダッシュボード要件整理票（3.3）
- ダッシュボード詳細設計書（4.2）
- 指標の計算ロジック表（6.2）
- テーブル設計書（6.3）
- テーブルリレーション図（6.3）

　上記のうち、「指標の計算ロジック表」「テーブル設計書」「テーブルリレーション図」は、各節で解説した内容について、その具体的な整理方法を紹介した資料です。紙面には図表として掲載していません。

索引

著者プロフィール

トレジャーデータ

トレジャーデータ株式会社は、Treasure Data, Inc.の日本における事業および技術開発の拠点として、2012年11月に設立。クラウド型の顧客データ活用サービス「Treasure Data CDP」を提供し、企業が保持する顧客データを活用するパートナーとして「コネクテッドカスタマーエクスペリエンス（一貫性のある顧客体験）」の実現を支援している。全世界で450社以上の企業に導入されており、業界をリードするCDP（カスタマーデータプラットフォーム）として、国内外から多くの評価を得ている。

https://www.treasuredata.co.jp/

池田 俊介（いけだ しゅんすけ）

プロフェッショナルサービス
データアナリティクス　シニアアナリティクスエンジニア
大学・大学院で統計学やデータ可視化の基礎を学び、2014年にグローバルデジタルエージェンシーに入社。データ分析を主軸としながらデジタルメディアを中心に、飲料、食品、家電、アパレル、住宅、タバコ、医薬品、自動車、重機、情報通信、ITサービス、スポーツなど、様々な業種・業態の企業へのマーケティング活動を支援。2016年からBIツールを用いたダッシュボード構築支援業務を開始する。
その後、より広範で巨大なデータに対する分析・可視化の技術を磨くため、2019年にトレジャーデータに入社。現在までデータ分析、ダッシュボード構築を中心に、Treasure Data CDP導入企業のデータ利活用の支援を担当。

藤井 温子 (ふじい あつこ)

プロフェッショナルサービス
データマネジメント　ソリューションアーキテクト

大学院修了後、新卒でデジタルマーケティング支援企業に入社。UXデザインコンサルタントとして大手保険会社、食品メーカー、機器メーカー等に向けたユーザーリサーチ・WebサイトのUX・UI改善等のプロジェクトを担当。その後、同社のWebアクセス解析のSaaS事業にて、カスタマーサクセス担当として導入企業のツール活用支援に従事。よりテクニカルな領域に関わりたいと考え、2020年にトレジャーデータに参画し、国内外のTreasure Data CDP導入企業への活用支援に従事。主にデータ基盤の設計・開発・運用支援及び、BIツールを用いたダッシュボード構築を担当。

櫻井 将允 (さくらい まさのぶ)

プロフェッショナルサービス
データアナリティクス　シニアマネージャー

2006年にマーケティングリサーチ会社に入社。以降、マーケティングリサーチ会社、事業会社にて様々な課題に対する調査・分析を担当。15年以上、多くのプロジェクトを主導し、様々な業界（自動車、情報通信、家電、化粧品、医薬品、ゲームなど）の調査・分析を支援。前職では広告代理店のDMPの開発・活用支援にも従事。

2019年にトレジャーデータに参画。自動車メーカーなど様々なクライアントに対し、顧客理解、有望顧客特定、施策立案・効果検証などデータ利活用を支援。また、BIツールを用いたダッシュボード構築プロジェクトの要求定義・要件定義〜構築、運用支援も担当。

花岡 明 (はなおか あきら)

プロフェッショナルサービス
データアナリティクス　シニアマーケティングコンサルタント

2014年にDSPベンダーへ入社し、その後グループ内のトレーディングデスク会社へ出向。提案から施策設計、プランニングからWeb広告の運用と成果のレビューまで幅広く経験。

その後、日本オラクルにてCX系SaaSの営業に携わる。デジタルマーケティングからコンタクトセンターまで幅広いSaaSソリューションの導入を経験。

2019年からトレジャーデータに参画。現在は、自動車メーカーを中心に様々なクライアントに対してデータ利活用におけるマーケティング戦略と戦術のコンサルティング支援に従事。プロジェクト内のダッシュボード構築や分析における要求定義や要件定義、レビューや施策への展開までを担当。

ブックデザイン	竹内 雄二
装丁イラスト	iStock.com/Nobi_Prizue
DTP	シンクス

ビジネスダッシュボード 設計・実装ガイドブック
成果を生み出すデータと分析のデザイン

2023年6月14日　初版第1刷発行
2023年9月25日　初版第4刷発行

著　　　者	トレジャーデータ
	池田 俊介（いけだ しゅんすけ）
	藤井 温子（ふじい あつこ）
	櫻井 将允（さくらい まさのぶ）
	花岡 明（はなおか あきら）
発 行 人	佐々木 幹夫
発 行 所	株式会社 翔泳社（https://www.shoeisha.co.jp）
印刷・製本	株式会社 シナノ

©2023 Treasure Data, Inc.

ISBN978-4-7981-7764-9　　　　　　　　　　　　　　　　Printed in Japan